U0128936

普通高等教育"十一五"国家级规划教材

数字电子技术基础

第 二 版

贾 达 主编
张贺文 主审

化学工业出版社
·北京·

本书主要内容有逻辑代数基础、门电路、组合逻辑电路、触发器、时序逻辑电路、脉冲波形的产生与整形、数/模和模/数转换、半导体存储器、可编程逻辑器件共九章。

本书有较为合理的理论深度，较宽的覆盖面，淡化功能的分析，强化功能的理解和应用。对集成电路，重点介绍符号、功能、应用，尽量不涉及内部电路的分析过程，对实际电路，阐述基本工作原理、基本分析方法，重点是强化应用中的实际问题及解决的思路和措施，以提高学生对集成电路功能的理解和灵活应用集成电路的能力，充分体现了职业技术教育的特色。

本书可作为高等职业技术学院和高等专科学校"电子技术基础"课程的教材，也可作为电大、成教学院相关专业的教材及工程技术人员学习数字电子技术的参考书。

图书在版编目（CIP）数据

数字电子技术基础/贾达主编． —2 版． —北京：化学工业出版社，2008.5

普通高等教育"十一五"国家级规划教材

ISBN 978-7-122-02593-7

Ⅰ. 数… Ⅱ. 贾… Ⅲ. 数字电路-电子技术-高等学校：技术学院-教材 Ⅳ. TN79

中国版本图书馆 CIP 数据核字（2008）第 061086 号

责任编辑：张建茹　王丽娜　　　　　　　文字编辑：廉　静
责任校对：郑　捷　　　　　　　　　　　装帧设计：郑小红

出版发行：化学工业出版社（北京市东城区青年湖南街 13 号　邮政编码 100011）
印　　装：三河市延风印装厂
787mm×1092mm　1/16　印张 8½　字数 200 千字　2008 年 8 月北京第 2 版第 1 次印刷

购书咨询：010-64518888（传真：010-64519686）　售后服务：010-64518899
网　　址：http://www.cip.com.cn

凡购买本书，如有缺损质量问题，本社销售中心负责调换。

定　　价：16.00 元　　　　　　　　　　　　　　　　版权所有　违者必究

第二版前言

根据教育部高等教育司的要求，化学工业出版社在 2001 年陆续出版了电类专业教材共 20 种。此套教材立足高职高专教育培养目标，遵循社会的发展需求，突出应用性和针对性，加强实践能力的培养，为高职高专教育事业的发展起了很好的推动作用。一些教材多次重印，受到了广大院校的好评。为了满足全国高等职业教育如何适应各院校各学科体制的整合、专业调整的需求，对此套教材组织了修订工作。

数字电子技术是一门发展迅速、实践性很强的技术基础课程，为了适应现代电子技术飞速发展的需要，更好地培养 21 世纪的应用型人才，根据当前高职高专教学改革的需要，增加以下几方面的内容。

① 多路模拟开关及应用。

② 计数器的应用。

③ 串行数/模转换、模/数转换。

④ 串行接口的存储器。

本书修订是在汲取部分院校师生意见的基础上，经参编人员讨论、沟通，由贾达组织修订完成。

参加编写的有尤莉荣（第二、三章），邓允（第四、五章），刘宇（第六章、附录 A），耿惊涛（第七章、附录 B、附录 C），其余各章由贾达编写并担任主编。本书由北京工业大学张贺文教授主审，并提出了很多宝贵意见，在此表示十分感谢。

借本书再版的机会，谨向使用本书的广大读者和教师表示诚挚的谢意！

书中不妥之处，欢迎读者批评指正。

编　者
2008 年 3 月

第一版前言

根据教育部《关于加强高职高专教育人才培养工作的意见》精神，为满足高职高专电类相关专业教学基本建设的需要，在教育部高教司和教育部高职教育教学指导委员会的关心和指导下，全国石油和化工高职教育教学指导委员会广泛开展调研，召开多次高职高专电类教材研讨会，组织编写了 20 本面向 21 世纪的高职高专电类专业系列教材，供工业电气化技术、工业企业电气化、工业电气自动化、应用电子技术、机电应用技术及工业仪表自动化、计算机应用技术等相关专业使用。

本套教材立足高职高专教育人才培养目标，遵循主动适应社会发展需要、突出应用性和针对性、加强实践能力培养的原则，组织了专业基础课程的理论教材和与之配套的实训教材。实训教材集实验、设计与实习、技能训练与应用能力培养为一体，体系新颖，内容可选择性强。同时提出实训硬件的标准配置和最低配置，以方便各校选用。

由于本套教材的整体策划，从而保证了专业基础课与专业课内容的衔接，理论教材与实训教材的配套，体现了专业的系统性和完整性。力求每本教材的讲述深入浅出，将知识点与能力点紧密结合，注重培养学生的工程应用能力和解决现场实际问题的能力。

本书力求有合理的理论深度，较宽的覆盖面，淡化原理的分析，强化功能的应用。主要有以下几点。

◆器件方面：重点介绍符号、功能、应用。尽量不涉及内部的分析过程。

◆电路方面：阐述基本的工作原理 基本分析方法、强化应用中的实际问题及解决的思路和措施。

◆图表：充分利用图表这个形象的"语言"，提高学生读图表的能力，同时也提高了应用新器件的能力。

本书由张贺文教授主审，提出了很多宝贵意见，在此表示十分感谢。参加编写的有尤莉荣（第二、三章），邓允（第四、五章），刘宇（第六章、附录 A），耿惊涛（第七章、附录 B、附录 C），贾达（第一、八、九章）并担任主编。

由于编写时间仓促，编者水平有限，本书难免会有错误和不足之处，殷切地期望广大读者给予批评和指正。

编　者

2001 年 3 月

《数字电子技术基础》主要符号

一、器件及参数符号

A	放大器
C	电容
F	触发器
G	门
R	电阻
RP	电位器
S	开关
TG	传输门
VD	二极管
VT	三极管
X	石英晶体

二、电压

U_{CC}、U_{DD}、U_{SS}、U_{BB}	电源电压
u_I	输入电平
U_{IH}	输入高电平
U_{IL}	输入低电平
u_O	输出电平
U_{OH}	输出高电平
U_{OL}	输出低电平
$u_{大写下标}$	瞬时电压（直流＋交流）
U_{BES}	双极型三极管饱和时基极相对发射极的电压
U_{CES}	双极型三极管饱和时集电极相对发射极的电压
U_{INH}	输入高电平噪声容限
U_{INL}	输入低电平噪声容限
U_{TH}	门电路的阈值电压
U_{T+}	施密特触发器的正向阈值电压
U_{T-}	施密特触发器的负向阈值电压
U_{ON}	门电路的开门电压
U_{OFF}	门电路的关门电压
$U_{GS(TH)}$	MOS 管的开启电压
U_{REF}	参考电压（或基准电压）

三、电流符号

$i_{大写下标}$	电流瞬时值
$I_{大写下标}$	直流电流
i_I	输入电流
I_{IH}	高电平输入电流
I_{IL}	低电平输入电流

i_O	输出电流
I_{OH}	输出高电平时的最大负载电流
I_{OL}	输出低电平时的最大负载电流
I_{CC}，I_{DD}	电源平均电流

四、脉冲参数符号

f	周期性脉冲的重复频率
T	周期性脉冲的重复周期
q	占空比
t_f	上升时间
t_r	下降时间
t_{re}	反向恢复时间
t_{set}	建立时间
t_W	脉冲宽度

五、其他符号

B	二进制
CKL	时钟
CP	时钟脉冲
D	十进制
EN	允许（使能）
H	十六进制
OE	输出允许（使能）

目　录

第一章

逻辑代数基础

数字电路（又称为逻辑电路）的基本工作信号是二进制的数字信号，分析和设计数字电路的主要工具是逻辑代数。本章首先介绍二进制数及与十进制数、十六进制数的转换关系，然后介绍逻辑代数的基本公式、常用公式和重要定理，最后讲述逻辑函数及其描述方法，逻辑函数的化简。

第一节 概　述

一、数字信号与数字电路

时间上、量值（信号的幅度）上不连续的信号统称为数字信号。对这类信号一般只关心信号的有无，而不太关心其形状。例如：自动化生产线上记录零件个数的信号（一般是由微动开关或光电开关来检测）。还有：开关的开与闭和灯的亮与灭，也是数字信号，在很多情况下可能不太关心灯的明暗程度，而更关心它们的逻辑关系（因果关系），产生和处理这类数字信号的电路称为数字电路或逻辑电路。

二、数制与码制

（一）数制

把多位数码中每一位的构成（指用哪些码）方法以及从低位到高位的进位规则称为数制。数字电路除经常使用十进制以外，还经常使用二进制和十六进制。

1. 十进制

十进制使用的是 $0\sim9$ 十个数码，计数的基数是 10，进位规则是"逢十进一"。任意一个十进制数 D 可按"权"展开为：

$$D = \sum k_i \times 10^i$$

式中，k_i 为第 i 位的数码（$0\sim9$ 中的任意一个）；10^i 为第 i 位的权。注意：小数点的前一位为第 0 位，即 $i=0$。

如　$103.45 = 1 \times 10^2 + 0 \times 10^1 + 3 \times 10^0 + 4 \times 10^{-1} + 5 \times 10^{-2}$

2. 二进制

二进制仅使用 0 和 1 两个数码，计数的基数是 2，进位规则是"逢二进一"。任意一个二进制数 D 可按"权"展开为：

$$D = \sum k_i \times 2^i$$

式中，k_i 为第 i 位的数码（0 或 1）。

如　$(1010.11)_2 = 1 \times 2^3 + 0 \times 2^2 + 1 \times 2^1 + 0 \times 2^0 + 1 \times 2^{-1} + 1 \times 2^{-2} = (10.75)_{10}$

上式中的下标 2 和 10 分别代表括号中的数是二进制数和十进制数，有时也用 B（Binary）和 D（Decimal）代替下标 2 和 10。

如　1010.11B＝10.75D

3. 十六进制

十六进制使用 0～9、A（10）、B（11）、C（12）、D（13）、E（14）、F（15）16 个数码，计数的基数是 16，进位规则是"逢十六进一"。

任意一个十六进制数 D 可按"权"展开为：

$$D = \sum k_i \times 16^i$$

如　$(2F.8)_{16} = 2 \times 16^1 + 15 \times 16^0 + 8 \times 16^{-1} = (47.5)_{10}$

上式中的下标 16 代表括号中的数是十六进制数，有时也用 H（Hexadecimal）代替下标 16。

如　2F.8H＝47.5D

二进制：广泛应用于数字电路；十六进制：广泛应用于微机的汇编语言。

（二）数制转换

为了更好的掌握数制的转换，希望大家要熟记 2 的 0～10 次方所对应的十进制数：1、2、4、8、16、32、64、128、256、512、1024。

1. 二进制——十进制转换

只要将二进制数按"权"展开，然后把所有各项按十进制数相加即可。

2. 十进制——二进制转换

将十进制数展成 $\sum k_i \times 2^i$ 的形式，即可得到二进制数：$k_n k_{n-1} \cdots k_1 k_0$

例　$(123)_{10} = 64 + 32 + 16 + 8 + 0 + 2 + 1 = 1 \times 2^6 + 1 \times 2^5 + 1 \times 2^4 + 1 \times 2^3 + 0 \times 2^2 + 1 \times 2^1 + 1 \times 2^0$
　　　　$= (1111011)_2$

又例　$(56)_{10} = 32 + 16 + 8 + 0 + 0 + 0$
　　　　$= (111000)_2$

3. 二进制——十六进制转换

十六进制实际上也应属于二进制的范畴，因为将 4 位二进制数（恰好有 16 个状态）看作一个整体时，它的进位输出正好是"逢十六进一"，所以只要以小数点为界，每 4 位二进制数为一组（高位不足 4 位时，前面补 0，低位不足 4 位时，后面补 0），并代之以等值的十六进制数，即可完成转换。

$(10111011001.111)_2 = (0101,1101,1001.1110)_2 = (5D9.E)_{16}$

4. 十六进制——二进制转换

将每 1 位十六进制数代之以等值的 4 位二进制数，即可完成转换。

$(8AF.D5)_{16} = (100010101111.11010101)_2$

5. 十六进制——十进制转换

只要将十六进制数按公式：$D = \sum k_i \times 16^i$ 展开，然后把所有各项按十进制数相加，即转换成十进制数，也可先将十六进制数转换成二进制数，再转换成十进制数。

例 $(3F)_{16} = 3 \times 16^1 + 15 \times 16^0 = (63)_{10}$

或 $(3F)_{16} = (111111)_2 = 1 \times 2^5 + 1 \times 2^4 + 1 \times 2^3 + 1 \times 2^2 + 1 \times 2^1 + 1 \times 2^0 = (63)_{10}$

或 $(3F)_{16} = (111111)_2 = (1000000 - 1)_2 = 1 \times 2^6 - 1 = (64 - 1)_{10} = (63)_{10}$

（三）码制

数码不仅可以表示大小，还可以表示不同的对象（或信息）。对于后一种情况的数码称为代码。

例如：邮政编码、汽车牌照、房间号码等，它们都没有大小的含意。

为了便于记忆和处理（如查询），在编制代码时总要遵循一定的规则，这些规则就叫做码制。

用 4 位二进制数码表示十进制数，有多种不同的码制。这些代码称为二——十进制代码，简称 BCD（Binary Coded Decimal）码。表 1-1 列出了几种常见的 BCD 码。

表 1-1 几种常见的 BCD 码

编码种类 十进制数	8421 码	余 3 码	2421 码	5211 码	余 3 循环码
0	0000	0011	0000	0000	0010
1	0001	0100	0001	0001	0110
2	0010	0101	0010	0100	0111
3	0011	0110	0011	0101	0101
4	0100	0111	0100	0111	0100
5	0101	1000	1011	1000	1100
6	0110	1001	1100	1001	1101
7	0111	1010	1101	1100	1111
8	1000	1011	1110	1101	1110
9	1001	1100	1111	1111	1010
权	8421		2421	5211	

8421 码、2421 码、5211 码是有权码。如 8421 码中从左到右的权依次为：8、4、2、1。8421 码是最常用的 BCD 码。

余 3 码是无权码，编码规则是：将余 3 码看作四位二进制数，其数值要比它表示的十进制数多 3。

余 3 循环码也是无权码，主要特点是：相邻的两个代码之间只有一位取值不同。

三、算术运算与逻辑运算

在数字电路中二进制数码的 0 和 1，不仅可以表示大小，还可以表示不同的逻辑状态。

当 0 和 1 表示大小时，它们之间可以进行算术运算，运算规则与十进制基本相同，惟一的区别在于"逢二进一"而不是"逢十进一"。

例 两个二进制数 1101 和 11 的算术运算有：

加法运算	减法运算
1101	1101
+ 11	− 11
10000	1010

乘法运算

$$
\begin{array}{r}
1101 \\
\times \quad 11 \\
\hline
1101 \\
1101 \\
\hline
100111
\end{array}
$$

除法运算

$$
\begin{array}{r}
100.\cdots \\
11\overline{)1101} \\
\underline{11} \\
01
\end{array}
$$

当 0 和 1 表示不同的逻辑状态时，例如：是和非，真和假、有和无、开和关、通和断等，它们之间可以按照某种因果关系进行所谓的逻辑运算。这种逻辑运算和算术运算有着本质上的不同，逻辑运算将在第二节专门介绍。

第二节 逻辑代数的基本运算

在逻辑代数（又称布尔代数）中，也用字母表示变量，这种变量称为逻辑变量。变量的取值只有 0 和 1 两种可能。

一、三种基本运算

逻辑代数的基本运算有**与**、**或**、**非**三种。图 1-1 给出了三个指示灯控制电路，以便于理解**与**、**或**、**非**三种基本运算，在图（a）中，只有当两个开关同时闭合，指示灯才会亮；在图（b）中，只要有任意一个开关闭合，指示灯就亮；在图（c）中，开关闭合时，指示灯不亮，而开关断开时，指示灯亮。

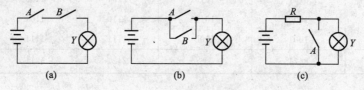

图 1-1 指示灯控制电路

如果约定：把开关闭合作为条件，把指示灯亮作为结果，那么图 1-1 中的三个电路就代表了三种不同的因果关系。

图（a）表明：只有条件同时满足时，结果才发生。这种因果关系叫做逻辑**与**，或者叫逻辑乘。

图（b）表明：只要条件之一满足时，结果就发生。这种因果关系叫做逻辑**或**，或者叫逻辑加。

图（c）表明：只要条件满足，结果就不发生；而条件不满足，结果一定发生。这种因果关系叫做逻辑非，或者叫逻辑反。

若以 A、B 表示条件，并以 1 表示条件满足，0 表示不满足；以 Y 表示事件的结果，并以 1 表示事件发生，0 表示不发生。则可以列出由 0、1 表示的**与**、**或**、**非**逻辑关系的图表，见表 1-2～表 1-4。这种图表叫做逻辑真值表，简称真值表。

表 1-2 与运算真值表		
A B		Y
0 0		0
0 1		0
1 0		0
1 1		1

表 1-3 或运算真值表		
A B		Y
0 0		0
0 1		1
1 0		1
1 1		1

表 1-4 非运算真值表	
A	Y
0	1
1	0

以"·"表示**与**运算，以"+"表示**或**运算，以变量上的"-"表示**非**运算。即可得到三种基本逻辑运算的表达式及运算：

与：$Y = A \cdot B$ 或写成：$Y = AB$　　　$0 \cdot 0 = 0$；$0 \cdot 1 = 0$；$1 \cdot 0 = 0$；$1 \cdot 1 = 1$

或：$Y = A + B$　　　　　　　　　　$0 + 0 = 0$；$0 + 1 = 1$；$1 + 0 = 1$；$1 + 1 = 1$

非：$Y = \overline{A}$　　　　　　　　　　　　$\overline{0} = 1$；$\overline{1} = 0$

能实现与、或、非三种基本逻辑运算的单元电路分别叫做与门、或门、非门（也叫反相器），并用相应的逻辑符号来表示，如图 1-2 所示。

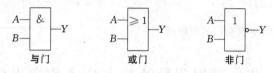

图 1-2　与门、或门、非门的逻辑符号

二、复合逻辑运算

实际的逻辑问题往往比与、或、非复杂得多，不过它们都可以用与、或、非的组合来实现。最常见的复合逻辑运算有与非、或非、异或、与或非、同或等。图 1-3 是它们的逻辑符号，表 1-5～表 1-9 给出了真值表。

表 1-5 与非逻辑真值表		
A B		Y
0 0		1
0 1		1
1 0		1
1 1		0

表 1-6 或非逻辑真值表		
A B		Y
0 0		1
0 1		0
1 0		0
1 1		0

表 1-7 异或逻辑真值表		
A B		Y
0 0		0
0 1		1
1 0		1
1 1		0

表 1-8 同或逻辑真值表		
A B		Y
0 0		1
0 1		0
1 0		0
1 1		1

图 1-3 所示逻辑符号的表达式分别为：

与非门：$Y=\overline{AB}$；

或非门：$Y=\overline{A+B}$；

异或门：$Y=A\oplus B=\overline{A}B+A\overline{B}$；

同或门：$Y=A\odot B=AB+\overline{A}\,\overline{B}$；

与或非门：$Y=\overline{AB+CD}$。

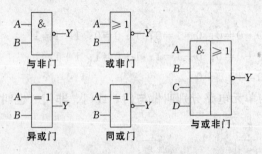

图 1-3　常用的几种复合门的逻辑符号

表 1-9　与或非逻辑真值表

A B C D	Y
0 0 0 0	1
0 0 0 1	1
0 0 1 0	1
0 0 1 1	0
0 1 0 0	1
0 1 0 1	1
0 1 1 0	1
0 1 1 1	0
1 0 0 0	1
1 0 0 1	1
1 0 1 0	1
1 0 1 1	0
1 1 0 0	0
1 1 0 1	0
1 1 1 0	0
1 1 1 1	0

第三节　逻辑代数的基本公式和常用公式

一、基本公式

表 1-10 给出了逻辑代数的基本公式，这些基本公式都可以用真值表来证明。

表 1-10　逻辑代数的基本公式

公式序号	公　式	公式序号	公　式	公式序号	公　式
1	$0 \cdot A=0$	7	$A \cdot (B+C)=A \cdot B+A \cdot C$	13	$A+A=A$
2	$1 \cdot A=A$	8	$\overline{A \cdot B}=\overline{A}+\overline{B}$	14	$A+\overline{A}=1$
3	$A \cdot A=A$	9	$\overline{\overline{A}}=A$	15	$A+B=B+A$
4	$A \cdot \overline{A}=0$	10	$\overline{1}=0;\ \overline{0}=1;$	16	$A+(B+C)=(A+B)+C$
5	$A \cdot B=B \cdot A$	11	$1+A=1$	17	$A+B \cdot C=(A+B) \cdot (A+C)$
6	$A \cdot (B \cdot C)=(A \cdot B) \cdot C$	12	$0+A=A$	18	$\overline{A+B}=\overline{A} \cdot \overline{B}$

其中：　公式 1、2、11、12 描述了变量与常量之间的运算规则。

公式 3、13 描述了同一变量的运算规律，也叫重叠律。

公式 4、14 描述了变量与其反变量之间的运算规律，也叫互补律。

公式 5、15 为交换律。

公式 6、16 为结合律。

公式 7、17 为分配律。

公式 8、18 叫摩根定理，也称反演律。

公式 9 表明：一个变量经过两次求反之后还原为其本身，所以该式又称还原律。

公式 10 描述了 0 和 1 求反的规则，它说明 0 和 1 互为求反的结果。

二、常用公式

1. $A+A \cdot B=A$

证明 $A+A \cdot B=A(1+B)=A$

这个公式可推广为：两个乘积项相加时，如果一项是另一项的因子，则另一项是多余的。

例 $A \cdot C+A \cdot B \cdot C=A \cdot C+A \cdot C \cdot B=A \cdot C(1+B)=A \cdot C$

2. $A+\overline{A} \cdot B=A+B$

证明 $A+\overline{A} \cdot B=(A+\overline{A}) \cdot(A+B)=1(A+B)=A+B$

这个公式可推广为：两个乘积项相加时，如果一项的反是另一项的因子，则另一项中的这个因子是多余的。

例 $A \cdot B+\overline{A} \cdot B \cdot C=A \cdot B+C$

3. $A \cdot B+A \cdot \overline{B}=A$

证明 $A \cdot B+A \cdot \overline{B}=A \cdot(B+\overline{B})=A$

这个公式可推广为：若两个乘积项分别含有同一因子的原变量和反变量（如上式中的 B 和 $\overline{B}$），而其他因子都相同——公共因子，则这两个乘积项可以合并成一项。

4. $A \cdot B+\overline{A} \cdot C+B \cdot C=A \cdot B+\overline{A} \cdot C$

证明 $A \cdot B+\overline{A} \cdot C+B \cdot C=A \cdot B+\overline{A} \cdot C+(A+\overline{A}) \cdot B \cdot C$
$$=A \cdot B+\overline{A} \cdot C+A \cdot B \cdot C+\overline{A} \cdot B \cdot C$$
$$=A \cdot B+\overline{A} \cdot C$$

这个公式可推广为：若两个乘积项分别含有同一因子的原变量和反变量（如上式中的 A 和 $\overline{A}$），而这两项的其他因子又都是第三个乘积项的因子，则第三个乘积项是多余的。

例 $A \cdot B+\overline{A} \cdot C+B \cdot C \cdot D=A \cdot B+\overline{A} \cdot C$

第四节　逻辑代数的基本定理

一、代入定理

用一个变量或一个逻辑表达式代入到同一个等式两边同一个变量的位置，该等式仍然成立。这就是代入定理，有时也称为代入规则。

例 用 AC 取代 A 代入到等式：
$$\overline{AB}=\overline{A}+\overline{B}$$
得 $\overline{ACB}=\overline{AC}+\overline{B}=\overline{A}+\overline{C}+\overline{B}$ 仍然成立。

二、反演定理

将一个逻辑表达式（或叫逻辑函数）Y 中的"·"换成"+"，"+"换成"·"，原变量换成反变量，反变量换成原变量，就得到 $\overline{Y}$（或反函数），这就是反演定理，反演定理也称为摩根定理。

上面的叙述也可以简单地描述为："·"换成"+"，"+"换成"·"，变量各自求反。

例 $Y = \overline{A}\,\overline{B} + CD$

$\overline{Y} = (A + B)(\overline{C} + \overline{D})$

注意：要保持原式中各个变量之间的运算顺序，如 Y 是一个**与或**式（先与运算再或运算），而 $\overline{Y}$ 则变成了**或与**式。

例 $Y = A + \overline{\overline{B} + \overline{C}}$

$\overline{Y} = \overline{A}\,(\overline{B} + \overline{C})$

这个例子，将 Y 中的 $\overline{\overline{B} + \overline{C}}$ 看作一个整体（或说成一个变量）

三、对偶定理

将一个等式两边的"·"换成"+"，"+"换成"·"，保持变量不变，得到一个新的等式，这两个等式互为对偶式，这就是对偶定理。

例 $A(B+C) = AB + AC$ 和 $A + BC = (A+B)(A+C)$ 互为对偶式。

观察表 1-10 会发现公式 1 和 11，2 和 12，…，8 和 18 它们都互为对偶式。

第五节 逻辑函数及其表示方法

一、逻辑函数

前面讲的逻辑表达式如：$Y = AB + C$。可以说，Y 是逻辑变量 A、B、C 的逻辑函数，有时也把 A、B、C 叫输入变量，Y 叫输出变量。

二、逻辑函数的表示方法

1. 逻辑表达式

逻辑表达式：将输入与输出之间的逻辑关系用逻辑运算符号来描述。特点是：简洁、抽象，便于化简和转换。

2. 逻辑真值表

逻辑真值表：将输入变量所有的取值和对应的函数值，列成表格。特点是：直观、繁琐（尤其是输入变量较多时），具有惟一性。它是将实际的问题抽象为逻辑问题的首选描述方法。

3. 逻辑图

逻辑图：将输入与输出之间的逻辑关系用逻辑图形符号来描述。特点是：接近实际电路，是组装、维修的必要资料。

4. 卡诺图

卡诺图是专门用来化简逻辑函数的，将在下一节专门介绍。

三、各种表示方法之间的相互转换

既然表达式、真值表、逻辑图、卡诺图都是用来描述逻辑函数的，它们之间一定能相互转换。

1. 由真值表转换成表达式

【例1-1】 将表 1-11 所示的真值表转换成表达式。

解 由真值表可以看出，当 A、B、C 取值为以下四种情况时，$Y=1$

011 对应：$\overline{A}BC=1$

101 对应：$A\overline{B}C=1$

110 对应：$AB\overline{C}=1$

111 对应：$ABC=1$

表 1-11 ［例 1-1］真值表

序号	A	B	C	Y
0	0	0	0	0
1	0	0	1	0
2	0	1	0	0
3	0	1	1	1
4	1	0	0	0
5	1	0	1	1
6	1	1	0	1
7	1	1	1	1

因此 Y 的逻辑表达式应当是以上 4 个乘积项之和，即：

$$Y=\overline{A}BC+A\overline{B}C+AB\overline{C}+ABC$$

上式中每个乘积项都包含了函数的所有变量（原变量或者反变量），把这样的乘积项叫做最小项，把这种由最小项组成的**与或**表达式叫做最小项表达式。既然真值表是惟一的，所以这个表达式也是惟一的，所以又叫标准**与或**表达式。

为了书写方便，用 m 表示最小项，其下标为最小项的编号。编号的方法是：最小项中的原变量取 1，反变量取 0，则最小项取值为一组二进制数，其对应的十进制数值为该最小项的编号。上例 Y 的逻辑表达式就可以写成：

$$Y=m_3+m_5+m_6+m_7=\sum m(3,5,6,7)$$

通过上例，可以总结出由真值表转换成表达式的一般方法。

① 找出真值表中 $Y=1$ 的那些输入变量取值的组合。

② 每组组合对应一个最小项，其中取值为 1 的写成原变量，取值为 0 的写成反变量。

③ 将这些最小项相加，就得到 Y 的**与或**表达式。这样得到的表达式是惟一的表达式——标准**与或**表达式。

2. 由表达式填写真值表

有两种方法：

① 将输入变量取值的所有组合逐一代入表达式，填写真值表；

② 将表达式转化成最小项表达式，再填写真值表。

表 1-12 ［例 1-2］真值表

A	B	C	Y
0	0	0	0
0	0	1	1
0	1	0	1
0	1	1	0
1	0	0	1
1	0	1	1
1	1	0	1
1	1	1	1

【例1-2】 已知：$Y=A+\overline{B}C+\overline{A}B\overline{C}$，求它对应的真值表。

解 方法① 将 ABC 取值的所有组合 000，001……111 逐一代入表达式，填入真值表，如表 1-12 所示。

方法② 转换成最小项表达式，具体转化：首先对于乘积项 A，A 的取值是 1，BC 的取值任意，即××，所以乘积项 A 所对应的 ABC 取值为：1××：即 100，101，110，111。

也就是 $A=m_4+m_5+m_6+m_7$

同理对于第二个乘积项 $\overline{B}C=m_1+m_5$

第三个乘积项 $\overline{A}B\overline{C}=m_2$

$$Y=A+\overline{B}C+\overline{A}B\overline{C}=\sum m(1,2,4,5,6,7)$$

由这个表达式再填写真值表就容易了。

3. 由表达式画逻辑图

用逻辑符号代替表达式中的运算符号即可得到表达式所对应的逻辑图。

【例1-3】 画出 $Y = A + \overline{BC} + \overline{AB}\,\overline{C}$ 对应的逻辑图。

解 表达式中有**与、或、非**运算，用相应的**与门、或门**和**非门**来实现，就得到如图1-4所示的逻辑图。

4. 由逻辑图写出表达式

用运算符号代替逻辑图中的逻辑符号，即可得到逻辑图所对应的表达式。

【例1-4】 写出图1-5所示的逻辑图对应的表达式。

解 逐级写出表达式，得到的是**与非-与非**表达式，可以用摩根定理转换成**与或**表达式：

$$Y = \overline{\overline{AB}\,\overline{BC}\,\overline{AC}} = AB + BC + AC$$

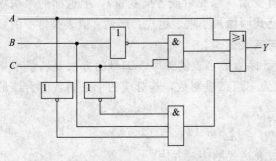

图1-4 ［例1-3］的逻辑图

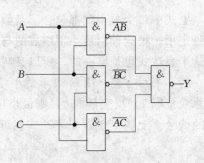

图1-5 ［例1-4］的逻辑图

第六节　逻辑函数的公式化简

一、化简的意义

表达式越简单逻辑图就越简单，对应的实际电路也就越简单、经济、可靠。

最简与或式的定义：乘积项最少、乘积项中的因子也最少。这里介绍最简**与或**式的目的有两个：一是容易判断是否最简；二是化简的工具（就是基本公式和定理）方便。

二、化简方法

1. 合并法

利用公式　$AB + A\overline{B} = A$

例　$ABC + AB\overline{C} = AB$

2. 吸收法

利用公式　$A + AB = A$

例　$A\overline{B} + A\overline{B}CD = A\overline{B}$

3. 消项法

利用公式：$AB + \overline{A}C + BC = AB + \overline{A}C$

例　$AB + \overline{A}C + BCDE = AB + \overline{A}C$

4. 消因子法

利用公式：$A+\overline{A}B=A+B$

例　$AB+\overline{A}C+\overline{B}C=AB+(\overline{A}+\overline{B})C=AB+\overline{AB}C=AB+C$

化简较复杂的函数时，往往需要灵活地、交替地综合运用上述方法，才能得到最简的结果。

【例1-5】　化简 $Y=AC+\overline{B}C+B\overline{D}+C\overline{D}+A(B+\overline{C})+\overline{AB}C\overline{D}+A\overline{B}DE$。

解　注意用公式化简黑体部分。

$$Y=AC+\overline{B}C+B\overline{D}+\boldsymbol{C\overline{D}}+A(B+\overline{C})+\boldsymbol{\overline{AB}C\overline{D}}+A\overline{B}DE$$
$$=AC+\boldsymbol{\overline{B}C}+B\overline{D}+C\overline{D}+A(\boldsymbol{B+\overline{C}})+A\overline{B}DE$$
$$=AC+\overline{B}C+B\overline{D}+C\overline{D}+A\boldsymbol{\overline{B}C}+A\overline{B}DE$$
$$=\boldsymbol{AC}+\overline{B}C+B\overline{D}+C\overline{D}+\boldsymbol{A}+\boldsymbol{A\overline{B}DE}$$
$$=\boldsymbol{\overline{B}C}+\boldsymbol{B\overline{D}}+\boldsymbol{C\overline{D}}+A$$
$$=\overline{B}C+B\overline{D}+A$$

用公式化简函数，没有固定的步骤，比较灵活，有一定的技巧。

第七节　逻辑函数的卡诺图化简

一、逻辑函数的卡诺图表示

（一）最小项的相邻性

如果两个最小项只有一个变量取值不同，就可以说这两个最小项在逻辑上相邻。

例如：$Y(A, B, C)=ABC+AB\overline{C}$ 中，$AB\overline{C}$、ABC 就是两个逻辑相邻的最小项。

用公式可以化简上式：

$$Y=AB$$

这两个最小项合并成了一项，消去了那个变量取值不同的变量（因子），剩下"公共"变量（因子）。这不是一个"偶然"，而是一个规律。但直接从表达式中观察相邻的最小项有一定的难度。

（二）卡诺图

卡诺图以方块图的形式，将逻辑上相邻的最小项放在一起，这对化简逻辑函数非常直观、方便。

图1-6给出了3～4个变量的卡诺图。

从图1-6中发现，除了几何位置（上下左右）相邻的最小项逻辑相邻以外，一行或一列的两端也有相邻性。

图形左侧和上侧的数字，表示对应最小项变量的取值。

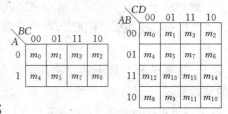

图1-6　最小项卡诺图

（三）用卡诺图表示逻辑函数

首先把逻辑函数转换成最小项之和的形式，然后在卡诺图上与这些最小项对应的位置上填1，其余填0（也可以不填），就得到了表示这个逻辑函数的卡诺图。实际上就是将函数值填入相应的方块。

【例1-6】　填写三变量逻辑函数。

$Y(A、B、C)=\sum m(3, 5, 6, 7)$ 的卡诺图。

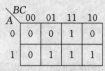

图 1-7 ［例 1-6］
的卡诺图

解 Y 有 4 个最小项 m_3、m_5、m_6、m_7，就在三变量卡诺图的相应位置填 1，其他位置填 0，如图 1-7 所示。

二、用卡诺图化简逻辑函数

（一）最小项的合并规律

卡诺图化简的依据是：逻辑上相邻的最小项合并成一项消去多余因子，合并规律是：

两个相邻的最小项合并为一项，并消去一个变量；

四个相邻的最小项合并为一项，并消去两个变量；

八个相邻的最小项合并为一项，并消去三个变量。

这里的"四个"和"八个"相邻，必须是一个"矩形"组，如图 1-8 所示。

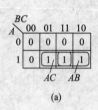
（a）

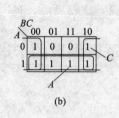
（b）

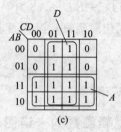
（c）

图 1-8 最小项的合并

图 1-8（a）的两个圈都是两个相邻，合并后分别是：AC 和 AB。

图 1-8（b）的两个圈都是四个相邻，合并后分别是：A 和 C。

图 1-8（c）的两个圈都是八个相邻，合并后分别是：A 和 D。

（二）用卡诺图化简逻辑函数

具体化简时，将相邻的"1"（最小项）圈起来，表示将它们合并成一项，如图 1-8 所示。

【例 1-7】 化简 $Y(A, B, C, D) = \sum m(2, 5, 9, 11, 12, 13, 14, 15)$。

解 由于 Y 直接给的是最小项之和的形式，可以直接填写卡诺图，如图 1-9 所示，将组成"矩形"的"1"圈起来，共有 4 个圈（注意不能漏掉任何一个"1"），合并后的 4 项分别是：AB，AD，$B\overline{C}D$，$\overline{A}\,\overline{B}C\overline{D}$。

Y 原来是 8 个最小项之和，现在合并成了 4 项，Y 就应当是这 4 项的和，即：

$$Y = AB + AD + B\overline{C}D + \overline{A}\,\overline{B}C\overline{D}$$

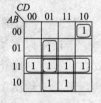

图 1-9 ［例 1-7］
的卡诺图

（三）卡诺图化简的步骤

① 将函数化为最小项之和的形式。

② 填写函数的卡诺图。

③ 合并相邻的最小项。

④ 取合并后的乘积项之和。

卡诺图化简几个注意的问题如下。

① 必须圈完所有的 1（即最小项）。

② "1"可以重复地圈，但每个圈中必须有属于"自己"的"1"，即至少有一个"1"没

有被其他圈圈过，否则这个圈就是多余的。为避免画出多余的包圈，画圈时，首先圈相邻较少的"1"。

③ 圈尽可能地大：消去的变量就越多，乘积项的因子就越少；圈完所有的"1"所用的圈就越少，化简后的乘积项就越少。

将函数化为最小项之和的形式，有时是非常麻烦的，具体化简时可以由一般**与或**表达式填写卡诺图。

【例 1-8】　化简逻辑函数 $Y = A\overline{B} + B\overline{C} + \overline{B}C + \overline{A}B$。

解　将转换为最小项之和的形式，Y 是三变量的函数。

其中：$A\overline{B}$ 缺一个变量，即一定是两个相邻的最小项：$A\overline{B}C$、$A\overline{B}\,\overline{C}$ 合并而成，就直接在卡诺图相应的位置填入 1，如图 1-10 所示。其他乘积项也是这样处理，但可能会有重复，这没有关系，只填一个 1 就可以了。

本例有两个结果：

由图（a）得：$Y = A\overline{C} + \overline{B}C + \overline{A}B$

由图（b）得：$Y = A\overline{B} + B\overline{C} + \overline{A}C$

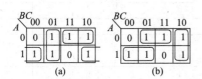

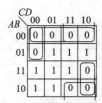

图 1-10　[例 1-8] 的卡诺图　　　　　　图 1-11　[例 1-9] $\overline{Y}$ 的卡诺图

本例说明，一个函数的最简表达式可能不是惟一的，当然实现这一函数的逻辑电路也就不是惟一的了。

由此可知：对应一组变量的取值若 $Y=1$，则 $\overline{Y}=0$，反之，$Y=0$，则 $\overline{Y}=1$。显然 $\overline{Y}$ 的卡诺图就是将 Y 的卡诺图的"1"换成"0"，"0"换成"1"。就可以直接圈 Y 的"0"（就相当于圈 $\overline{Y}$ 的卡诺图的"1"），求 $\overline{Y}$ 的最简表达式。反过来也一样：直接圈 $\overline{Y}$ 的"0"（就相当于圈 Y 的卡诺图的"1"），来求 Y 的最简表达式。

【例 1-9】　化简 $Y = \overline{A\overline{C} + BD + \overline{A}BC}$。

解　显然如果先将 Y 转换成**与或**式相当麻烦。

可以填 $\overline{Y} = A\overline{C} + BD + \overline{A}BC$ 的卡诺图。

具体填写方法和 [例 1-8] 一样，如图 1-11 所示。

直接圈卡诺图的"0"，合并化简得：

$$Y = \overline{A}\,\overline{B} + \overline{A}CD + AC\overline{D} + \overline{B}C$$

第八节　具有约束项逻辑函数及其化简

一、逻辑函数中的约束项

约束项：主观上不允许出现的或客观上不会出现的变量取值组合所对应的最小项。如 8421BCD 编码中，1010～1111 这 6 种代码是不允许出现的。

二、利用约束项化简逻辑函数

【例 1-10】 $Y = \overline{A}B\overline{C} + A\overline{B}C + AB\overline{C}$，约束项是：$\overline{A}BC$ 和 ABC。

意思是：A、B、C 不出现 011 和 111 这两种组合，所以 $\overline{A}BC = 0$ 和 $ABC = 0$。

解 Y 的卡诺图如图 1-12 所示。卡诺图对应约束项的位置填×。

按图 1-12 (a) 化简，只圈 "1"，结果是：$Y = A\overline{C} + B\overline{C}$

按图 1-12 (b) 化简，将 "×" 和 "1" 一起圈：$y = A\overline{C} + B$

显然：y 比 Y 更简单，这两个函数是否相等呢？

把 Y 和 y 的真值表列在一起，见表 1-13，比较一下，就发现：只有涂阴影的两行，Y 和 y 的函数值是不同的，而这两组正是约束项对应的取值，其他都一样。这就是说，如 A、B、C 遵守约束的话（即不出现 011 和 111），$Y = y$ 都是正确的，利用了约束项可以使函数更简单。

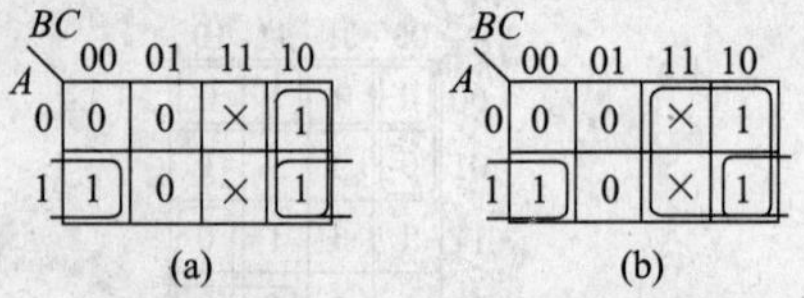

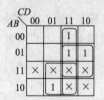

(a)　　　　(b)

图 1-12 〔例 1-10〕的卡诺图

表 1-13 〔例 1-10〕的真值表

A B C	Y	y
0　0　0	0	0
0　0　1	0	0
0　1　0	1	1
0　1　1	1	0
1　0　0	1	1
1　0　1	0	0
1　1　0	1	1
1　1　1	1	0

因为只有对应最小项的一组取值出现时最小项才等于 1，如：只有取值为 "101" 时，$A\overline{B}C = 1$，对应约束项的取值不出现，它恒为 0，所以，所有约束项之和也一定为 0。

图 1-13 〔例 1-11〕的卡诺图

上例的约束条件就可写成：

$\overline{A}BC + ABC = 0$，也可以使用最小项编号，约束项用 d_i 表示

即：$d_4 + d_7 = 0$

或：$\sum d\,(4, 7) = 0$

【例 1-11】 化简 $Y = \sum m\,(3, 6, 7, 9) + \sum d\,(10, 11, 12, 13, 14, 15)$。

解 填写卡诺图，如图 1-13 所示，合并最小项时并不一定把所有的 "×" 都圈起来，要合理地利用约束项（需要时就圈，不需要时就不圈）。

合并化简得：

$$Y = AD + BC + CD$$

本 章 小 结

① 逻辑代数是分析和设计逻辑电路的重要工具。逻辑变量是一种二值变量，只能取值 0 或 1，0 和 1 仅用来表示两种截然不同的状态。

② 逻辑运算的基本有**与**（逻辑乘）、**或**（逻辑加）和**非**（逻辑非）3 种。常用的复合逻辑运算有**与非、或非、与或非以及异或和同或**，利用这些简单的逻辑关系可以组合成复杂的逻辑运算。

③ 在逻辑代数的公式与定律中，除常量之间及常量与变量之间的运算外，还有交换律、结合律、分配律、吸收律、摩根定律等，这些定律中，摩根定律最为常用。

④ 逻辑函数有 4 种常用的表示方法，分别是真值表、逻辑函数式、卡诺图、逻辑图。它们之间可以相互转换，在逻辑电路的分析和设计中会经常用到这些方法。

⑤ 逻辑函数化简的目的是为了获得最简逻辑函数式，从而使逻辑电路简单、成本低、可靠性高。化简的方法有公式化简法和卡诺图化简法。

公式化简法，不但要求能熟练和灵活运用逻辑代数的基本公式和定律，还要求具有一定的运算技巧和经验。

卡诺图化简法是基于合并相邻最小项的原理进行化简的。卡诺图化简的优点是直观。

⑥ 在输入满足约束的前提下，为了得到更为简化的结果，约束项对应的函数值可以取 0，也可以取 1。

习　　题

1-1　将下列的二进制数转换成十进制数

(1) 1011　　(2) 10101　　(3) 11111　　(4) 100001

1-2　将下列的十进制数转换成二进制数

(1) 8　　(2) 27　　(3) 31　　(4) 100

1-3　完成下列的数制转换

(1) $(255)_{10} = ($ 　　　$)_2 = ($ 　　　$)_{16} = ($ 　　　$)_{8421BCD}$

(2) $(11010)_2 = ($ 　　　$)_{16} = ($ 　　　$)_{10} = ($ 　　　$)_{8421BCD}$

(3) $(3FF)_{16} = ($ 　　　$)_2 = ($ 　　　$)_{10} = ($ 　　　$)_{8421BCD}$

(4) $(1000\ 0011\ 0111)_{8421BCD} = ($ 　　$)_{10} = ($ 　　$)_2 = ($ 　　$)_{16}$

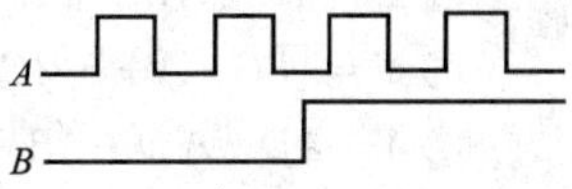

1-4　完成下列二进制的算术运算

(1) 1011＋111　　(2) 1000－11　　(3) 1101×101　　(4) 1100÷100

1-5　设：$Y_1 = \overline{AB}$，$Y_1 = \overline{A+B}$，$Y_1 = A \oplus B$。

已知 A、B 的波形如图题 1-5 所示。试画出 Y_1、Y_2、Y_3 对应 A、B 的波形。

1-6　试写出图题 1-6 各逻辑图的表达式。

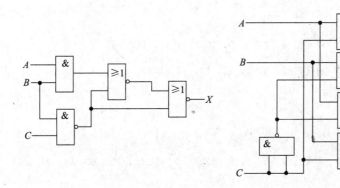

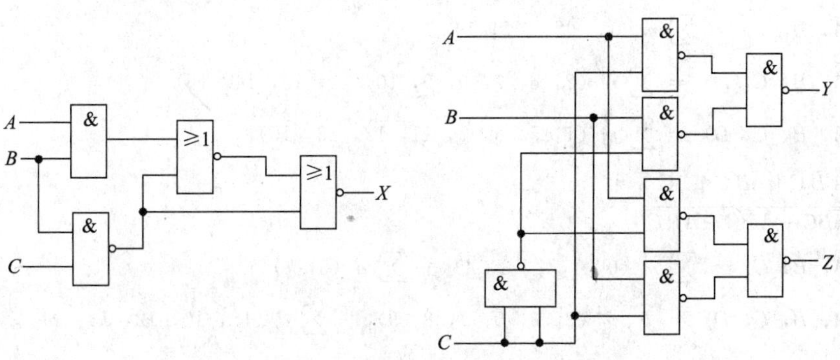

图题 1-5

图题 1-6

1-7 已知真值表如表题 1-7（a）、（b），试写出对应的逻辑表达式。

表题 1-7（a）

A B C	Y
0 0 0	0
0 0 1	1
0 1 0	1
0 1 1	0
1 0 0	1
1 0 1	0
1 1 0	0
1 1 1	1

表题 1-7（b）

A B C D	Y
0 0 0 0	0
0 0 0 1	0
0 0 1 0	0
0 0 1 1	0
0 1 0 0	0
0 1 0 1	0
0 1 1 0	0
0 1 1 1	1
1 0 0 0	0
1 0 0 1	0
1 0 1 0	1
1 0 1 1	1
1 1 0 0	0
1 1 0 1	1
1 1 1 0	1
1 1 1 1	1

1-8 用公式化简下列逻辑函数

① $Y = A\overline{B} + B + \overline{A}B$

② $Y = \overline{A}B\overline{C} + A + \overline{B} + C$

③ $Y = \overline{A + B + C} + A\overline{B}\,\overline{C}$

④ $Y = A\overline{B}CD + ABD + A\overline{C}D$

⑤ $Y = A\overline{C} + ABC + AC\overline{D} + CD$

⑥ $Y = \overline{ABC} + A + B + C$

⑦ $Y = AD + A\overline{D} + \overline{A}B + \overline{A}C + BFE + CEFG$

⑧ $Y(A, B, C) = \sum m(0, 1, 2, 3, 4, 5, 6, 7)$

⑨ $Y(A, B, C) = \sum m(0, 1, 2, 3, 4, 6, 7)$

⑩ $Y(A, B, C) = \sum m(0, 2, 3, 4, 6) \cdot \sum m(4, 5, 6, 7)$

1-9 用卡诺图化简下列逻辑函数

① $Y(A, B, C) = \sum m(0, 2, 4, 7)$

② $Y(A, B, C) = \sum m(1, 3, 4, 5, 7)$

③ $Y(A, B, C, D) = \sum m(2, 6, 7, 9, 9, 10, 11, 13, 14, 15)$

④ $Y(A, B, C, D) = \sum m(1, 5, 6, 7, 11, 12, 13, 15)$

⑤ $Y = \overline{A}\,\overline{B}\,\overline{C} + A\overline{B}\,\overline{C} + \overline{A}C$

⑥ $Y = \overline{\overline{ABC} + A\overline{B}C + AB\overline{C}}$

⑦ $Y(A, B, C) = \sum m(0, 1, 2, 3, 4) + \sum d(5, 7)$

⑧ $Y(A, B, C, D) = \sum m(2, 3, 5, 7, 8, 9) + \sum d(10, 11, 12, 13, 14, 15)$

第二章

逻辑门电路

实现各种基本逻辑关系的电子电路称为门电路。逻辑门电路是构成数字电路的基本单元，由于各种门电路中的二极管和三极管都工作在开关状态，因此，本章首先介绍它们的开关特性。在此基础上，简要介绍分立元件与门、或门、非门及与非门、或非门的工作原理和逻辑功能，然后介绍 TTL 和 CMOS 集成逻辑门电路的工作原理，着重讨论逻辑功能和外部特性，及其他功能的集成逻辑门电路。还介绍了 TTL 和 CMOS 电路的使用方法。

在数字电路中，只要能明确区分高电平和低电平两个状态就可以了，所以，高电平和低电平都允许有一定的范围。因此，数字电路对元器件参数精度的要求比模拟电路要低一些。

第一节　二极管的开关特性及二极管门电路

理想开关特性的静态特性：闭合时电阻为 0，电压为 0；断开时电阻为 ∞，电流为 0；理想开关特性的动态特性：转换时间为 0，即开关动作在瞬间完成。而一个实际的开关，闭合时总是有一个很小的电阻，断开时电阻不可能为 ∞，总是有一个很小的漏电流，转换过程总要花一定的时间。

在数字电路中，二极管工作在开关状态，下面讨论二极管的开关特性。

一、半导体二极管的开关特性

（一）静态开关特性

二极管具有单向导电性，是一个非线性器件。二极管的伏安特性及等效电路如图 2-1 所示。二极管加正向电压时导通，导通后的伏安特性很陡，压降很小（硅管：0.7V，锗管

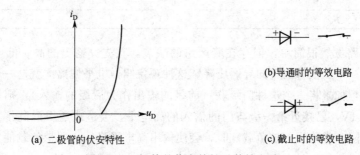

(b)导通时的等效电路

(c)截止时的等效电路

(a) 二极管的伏安特性

图 2-1　二极管的伏安特性及等效电路

0.3V），可以近似看作是一个闭合的开关，如图 2-1（b）所示。

二极管加反向电压时截止，截止后的伏安特性具有饱和特性（反向电流几乎不随反向电压的增大而增大），且反向电流很小（nA 级），可以近似看作是一个断开的开关，如图 2-1(c)所示。

（二）动态特性

在图 2-2(a) 中，u_I 为一矩形电压时，二极管 VD 的电流变化过程如图 2-2（b）所示。

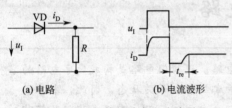

(a)电路　　　　(b)电流波形

图 2-2　二极管的动态电流波形

电流波形的变化不够陡峭，这是由于 PN 结的电容效应造成的；二极管由导通到截止转换时存在反向电流，这是由于导通时在 PN 结的两侧有非平衡电子的积累造成的。反向电流维持的时间用反向恢复时间 t_{re} 来定量描述，t_{re} 很小，在几个纳秒内。

常用的开关二极管是：IN4148。

门电路的输入和输出信号只有高电平（U_H）和低电平（U_L）两种状态。通常用 1 表示高电平，用 0 表示低电平，这个约定称为正逻辑；反之，用 0 表示高电平，用 1 表示低电平，称为负逻辑。在本书中，无特殊说明，则一律采用正逻辑。

二、二极管与门

最简单的**与门**如图 2-3 所示。它的两个输入分别用 A、B 表示，输出用 Y 表示。

设 $U_{CC}=5V$，$U_{IH}=3V$，$U_{IL}=0V$，二极管的正向导通压降 $U_{DF}=0.7V$。

只要 A、B 中有一个为低电平（0V），则相应的二极管导通，Y 就为低电平（0.7V），即：只要 $AB=0$，则 $Y=0$。

只有 A、B 同时为高电平（3V），Y 才为高电平（3.7V）。即：只有 $AB=1$，才有 $Y=1$。

显然，Y 和 A、B 是与逻辑关系。

图 2-3 所示**与门**的逻辑电平关系见表 2-1，真值表见表 2-2。

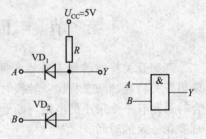

图 2-3　二极管与门

表 2-1　图 2-3 的逻辑电平关系

A/V	B/V	Y/V
0	0	0.7
0	3	0.7
3	0	0.7
3	3	3.7

表 2-2　图 2-3 的真值表

A	B	Y
0	0	0
0	1	0
1	0	0
1	1	1

这种与门电路虽然很简单，但存在着严重的缺点。首先，输出的高、低电平都比输入的高、低电平高出一个二极管的正向导通压降，这种现象叫做电平偏离。就这一个门而言，不会造成逻辑混乱，但如果将三个这种门级联（前级的输出作为后级的输入），则最后一级的输出低电平偏离到 2.1V，已接近第一级与门的输入的高电平，会造成逻辑混乱。其次，当输出端对地接上负载电阻（常称为下拉负载）时，会使输出高电平降低，即带负载能力差，严重时也会造成逻辑混乱。

三、二极管或门

最简单的**或门**如图 2-4 所示。它的两个输入分别用 A、B 表示，输出用 Y 表示。

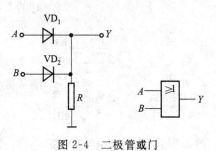

图 2-4 二极管**或门**

设 $U_{\text{IH}} = 3\text{V}$，$U_{\text{IL}} = 0\text{V}$，二极管的正向导通压降 $U_{\text{DF}} = 0.7\text{V}$。

只要 A、B 中有一个为高电平（3V），相应的二极管导通，Y 就是高电平（2.3V）。即：只要 $A + B = 1$，则 $Y = 1$；只有 A、B 同时为低电平（0V），VD_1、VD_2 均截止，Y 才为低电平（0V）。即：只有 $A + B = 0$，才有 $Y = 0$。显然，Y 和 A、B 是**或**逻辑关系。

图 2-4 所示**或门**的逻辑电平关系见表 2-3，真值表见表 2-4。

表 2-3 图 2-4 的逻辑电平关系

A/V	B/V	Y/V
0	0	0
0	3	2.3
3	0	2.3
3	3	2.3

表 2-4 图 2-4 的真值表

A	B	Y
0	0	0
0	1	1
1	0	1
1	1	1

二极管**或门**同样存在电平偏离现象及带负载能力差的缺点。

第二节 三极管的开关特性及反相器

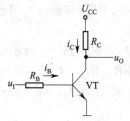

图 2-5 基本开关电路

在数字电路中，双极型三极管（以下简称三极管）常工作在开关状态。

双极型三极管是一个电流控制的电流源，在模拟电路中，三极管工作在放大区，而在数字电路中工作在饱和区或截止区。下面以 NPN 硅管为例进行分析。

三极管的基本开关电路如图 2-5 所示。通常约定：输入信号 u_{I} 的高电平为 U_{IH}，低电平为 U_{IL}，输出信号 u_{O}，高电平为 U_{OH}，低电平为 U_{OL}。

一、三极管的开关特性

1. 三极管的截止条件和等效电路

当输入信号 $u_{\text{I}} = U_{\text{IL}} = 0.3\text{V}$ 时　　（$U_{\text{BE}} = 0.3\text{V} < 0.5\text{V}$）

三极管截止，$i_{\text{B}} = i_{\text{C}} = 0$，$u_{\text{O}} = U_{\text{OH}} = U_{\text{CC}}$　　（三极管的可靠截止条件为：$U_{\text{BE}} < 0\text{V}$）

三极管截止时，i_{B}、i_{C} 都很小，三个极均可看作开路，等效电路如图 2-6 （a）所示。

2. 三极管的饱和条件和等效电路

在模拟电路中通常规定 $U_{\text{CES}} = 1\text{V}$，是为了三极管可靠地工作在线性放大区，而在数字电路中三极管饱和时，通常认为 $U_{\text{CES}} = 0.3\text{V}$，是为了三极管可靠地工作在饱和区，更接近理想开关。

当输入信号 $u_{\text{I}} = U_{\text{IH}} = 3.2\text{V}$ 时，三极管是导通的，通常认为三极管导通时的 U_{BE} 和饱和

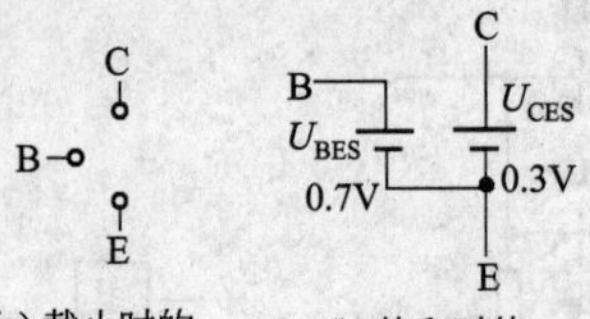

时的 U_{BES} 相等（硅管 0.7V，锗管 0.3V）。

$$i_1 = \frac{U_{\text{IH}} - U_{\text{BES}}}{R_{\text{B}}} \approx \frac{U_{\text{IH}}}{R_{\text{B}}}$$

这个电流与三极管是否工作在饱和状态无关。将三极管刚刚从放大进入饱和时的状态称为临界饱和状态。

三极管的临界饱和集电极电流：$I_{\text{CS}} = \dfrac{U_{\text{CC}} - U_{\text{CES}}}{R_{\text{C}}} \approx \dfrac{U_{\text{CC}}}{R_{\text{C}}}$

三极管的临界饱和基极电流：$I_{\text{BS}} \approx \dfrac{U_{\text{CC}}}{\beta R_c}$

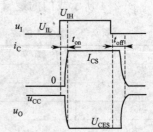

(a) 截止时的等效电路　(b) 饱和时的等效电路

图 2-6　三极管的开关等效电路

三极管的可靠饱和条件为：$i_{\text{B}} \geqslant I_{\text{BS}}$，把 $S = \dfrac{i_{\text{B}}}{I_{\text{BS}}}$ 称为饱和深度。

三极管临界饱和的等效电路如图 2-6（b）所示。

3. 三极管的动态开关特性

在三极管的基极施加一矩形电压时，三极管在截止与饱和两种状态转换，对应于 u_1 的 i_{C}、u_{O} 波形如图 2-7 所示。i_{C}、u_{O} 滞后于 u_1，这是由于三极管的 B-E 间、C-E 间存在结电容的缘故。

把三极管由截止到饱和所需的时间称为开启时间 t_{on}，它基本上由三极管自身决定，由饱和到截止所需的时间称为关闭时间 t_{off}，它的长短与饱和深度 S 有直接关系，S 越大 t_{off} 越长。

图 2-7　三极管的动态开关特性

二、反相器（非门）

三极管的基本开关电路如图 2-5 所示，输入为高电平时三极管饱和，输出为低电平；输入为低电平时三极管截止，输出为高电平，输出与输入之间是反相关系，即逻辑非，所以它就是一个非门（也称反相器）。

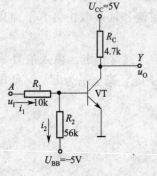

图 2-8　三极管非门（反相器）

为使输入低电平时三极管可靠截止，经常采用图 2-8 所示电路。设 $U_{\text{CC}} = 5\text{V}$，$U_{\text{BB}} = -5\text{V}$，$R_c = 4.7\text{k}\Omega$，$R_1 = 10\text{k}\Omega$，$R_2 = 56\text{k}\Omega$，三极管的 $\beta = 20$；$U_{\text{CES}} = 0.3\text{V}$，$U_{\text{BES}} = 0.7\text{V}$，$U_{\text{IL}} = 0.3\text{V}$，$U_{\text{IH}} = 5\text{V}$。

（一）逻辑功能分析

1. 当 $u_1 = U_{\text{IL}} = 0.3\text{V}$，即 $A = 0$ 时

假设三极管工作在截止状态，则

$$U_{\text{BE}} = U_{\text{IL}} - \frac{U_{\text{IL}} - U_{\text{BB}}}{R_1 + R_2} R_1 = 0.3 - \frac{0.3 + 5}{10 + 56} \times 56 = -0.5 \text{ (V)}$$

$U_{\text{BE}} < 0.5\text{V}$，假设成立，$i_{\text{C}} \approx 0$，所以

$u_{\text{O}} = U_{\text{OH}} = 5\text{V}$，$Y = 1$。

像这样的电路，当 $u_1 = U_{\text{IL}} = 0.3\text{V}$，由于 U_{BB} 是负电源，肯定会使 $U_{\text{BE}} < 0.3\text{V}$，三极管一定能可靠截止。

2. 当 $u_1 = U_{\text{IH}} = 3.2\text{V}$，即 $A = 1$ 时

假设三极管饱和且 $U_{\text{BES}} = 0.7\text{V}$，$U_{\text{CES}} = 0.3\text{V}$

$$I_{\text{BS}} = \frac{U_{\text{CC}} - U_{\text{CES}}}{\beta R_c} = \frac{5 - 0.3}{20 \times 4.7} = 0.05 \text{ (mA)}$$

$$i_B = i_1 - i_2 = \frac{U_{IH} - U_{BES}}{R_1} - \frac{U_{BES} - (-U_{BB})}{R_2} = \frac{3.2 - 0.7}{10} - \frac{0.7 + 5}{56} = 0.15 \text{ (mA)}$$

可见 $i_B > I_{BS}$，即假设成立

$u_O = U_{OL} = U_{CES} = 0.3\text{V}$，即 $Y = 0$

实现了逻辑非：$Y = \overline{A}$，它是一个非门（也称反相器）。

（二）电压传输特性

电压传输特性就是输入电压和输出电压的关系曲线。

输入低电平上升到一定程度，$u_I = U_{ILmax}$，$U_{BE} = 0.5\text{V}$，三极管将退出截止转入放大，输出电压将会下降。求 U_{ILmax} 的等效电路如图 2-9 所示。

$$\frac{U_{ILmax} - 0.5}{R_1} = \frac{0.5 - U_{BB}}{R_2}$$

代入有关的参数，$U_{ILmax} \approx 1.5\text{V}$

输入高电平降低到一定程度，$u_I = U_{IHmin}$，$i_B = I_{BS}$，三极管将退出饱和转入放大，输出电压将会上升。求 U_{IHmin} 的等效电路如图 2-10 所示。

$$\frac{U_{IHmax} - 0.7}{R_1} - \frac{0.7 - U_{BB}}{R_2} = I_{BS}$$

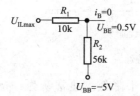

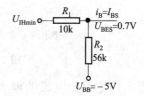

图 2-9　求 U_{ILmax} 的等效电路　　　　图 2-10　求 U_{IHmin} 的等效电路

代入有关的参数，$U_{IHmin} \approx 2.2\text{V}$。

当 $1.5\text{V} < u_I < 2.2\text{V}$，三极管工作在放大区，输出电压随输入电压的增大线性减小。由以上分析得到图 2-11 所示的电压传输特性曲线。

（三）抗干扰能力

通常用抗干扰容限来表示抗干扰能力。

"容限"可理解：作为一个实用电路必须容许有干扰，但不能太大，是有限制的。

假定 $U_{IL} = 0.3\text{V}$，$U_{IH} = 3.2\text{V}$，$U_{OL} = 0.3\text{V}$，$U_{OH} = 3.2\text{V}$（反相器空载时的输出高电平是 5V 实际意义不大）。

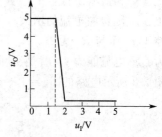

图 2-11　电压传输特性曲线

1. 关门电平 U_{OFF}

反相器输出高电平（不是空载时的 5V，要比 5V 低一些）时，称为关门或截止状态。保证反相器关门（输出为高电平）的输入低电平的最大值叫关门电平 U_{OFF}，它比 U_{ILmax} 大一点。

2. 开门电平 U_{ON}

反相器输出低电平时，称为开门或饱和状态。保证反相器开门（输出为低电平）的输入高电平的最小值叫开门电平 U_{ON}，它基本上就是 U_{IHmin}。

3. 输入低电平时的抗干扰容限 U_{ILN}

$$U_{ILN} = U_{OFF} - U_{IL}$$

4. 输入高电平时的抗干扰容限 U_{IHN}

$$U_{IHN} = U_{IH} - U_{ON}$$

由此可见，电压传输特性越陡电路的抗干扰能力就越强。

（四）反相器的带负载能力（输出特性）

逻辑电路中，按负载电流的实际方向分为两种：实际电流由输出流向负载的叫拉电流负载，反之称为灌电流负载。

1. 输出高电平时的带拉电流负载能力 I_{OH}

反相器输出高电平，带拉电流负载（下拉负载）时的等效电路如图 2-12(a) 所示。

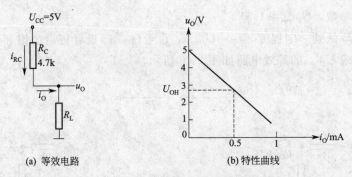

图 2-12 输出高电平时的输出特性

不难看出，随着拉电流的增大（R_L 减小）输出高电平降低。通常认为：拉电流能力 I_{OH} 就是实际输出高电平降到 $0.9U_{OH} = 0.9 \times 3.2 = 2.88$（V）时的电流，图 2-8 所示电路的 $I_{OH} = 0.5mA$。图 2-12 （b）是输出高电平时的输出特性曲线，R_C 越大特性越软，带负载能力越差。

2. 输出低电平时的带灌电流负载能力 I_{OL}

反相器输出低电平，灌电流负载（上拉负载）时的等效电路如图 2-13(a) 所示。不难看出，i_C 随着灌电流的增大（R_L 减小）而增大，当 $i_C = \beta i_B$ 时（在饱和时 $i_C \leqslant \beta i_B$），i_C 开始受控于 i_B 而与 R_L 无关。R_L 再减小，$u_O = U_{CC} - i_C$（$R_C /\!/ R_L$）即输出低电平会升高。通常认为：灌电流能力 I_{OL} 就是实际输出低电平升高到 $1.1U_{OL} = 1.1 \times 0.3 = 0.33$（V）时的电流。图 2-8 所示电路的 $I_{OL} = 1.5mA$。图 2-13 （b）是输出低电平时的输出特性曲线。

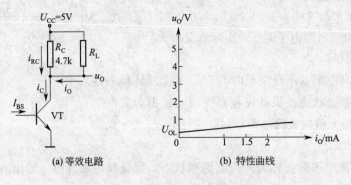

图 2-13 输出低电平时的输出特性

由以上分析可知，图 2-8 所示的反相器输出低电平时的带负载能力优于输出高电平时的带负载能力。

第三节 TTL 门电路

集成门电路的发展方向：高速、低功耗、高抗干扰能力、带负载能力强。本节简要分析 TTL 非门的工作原理，重点讲解集成门电路的应用。

一、TTL 非门的工作原理

非门是 TTL 门电路中结构最简单的一种。图 2-14 是 74 系列 TTL 非门的典型电路。它是一种输入和输出均由三极管来完成的逻辑电路，简称 TTL（Transistor-Transistor-Logic）电路。所有的 TTL 电路工作电压都是 5V。

VT_1 是输入级，VT_2 是倒相级，VT_3、VT_4 是输出级。

设 $U_{IL}=0.3V$，$U_{IH}=3.2V$。

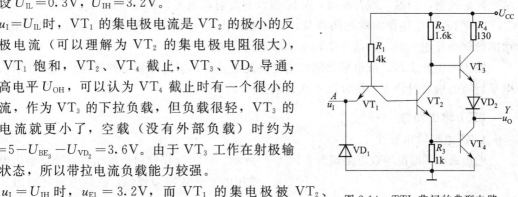

$u_I=U_{IL}$ 时，VT_1 的集电极电流是 VT_2 的极小的反向基极电流（可以理解为 VT_2 的集电极电阻很大），所以 VT_1 饱和，VT_2、VT_4 截止，VT_3、VD_2 导通，输出高电平 U_{OH}，可以认为 VT_4 截止时有一个很小的漏电流，作为 VT_3 的下拉负载，但负载很轻，VT_3 的基极电流就更小了，空载（没有外部负载）时约为 $U_{OH}=5-U_{BE_3}-U_{VD_2}=3.6V$。由于 VT_3 工作在射极输出器状态，所以带拉电流负载能力较强。

图 2-14 TTL 非门的典型电路

$u_I=U_{IH}$ 时，$u_{E1}=3.2V$，而 VT_1 的集电极被 VT_2、VT_4 的发射结限幅，$u_{C1}=1.4V$，此时 VT_1 集电结正向导通而发射结反偏（常称这种状态为倒置工作状态），可以简单的认为发射结截止，可使 VT_2、VT_4 饱和，$u_{C2}=U_{BES4}+U_{CES2}\approx0.7+0.3=1V$，迫使 VT_3、VD_2 截止，输出低电平 U_{OL}，空载时约为 0.3V。由于 VT_4 饱和，所以带灌电流负载能力较强。

可见输出和输入之间是反相关系，即 $Y=\overline{A}$。

图 2-14 中的 VD_1 起保护作用，防止一旦输入为负值时，VT_2 的发射极电流过大。

二、TTL 非门的特性曲线

（一）电压传输特性
TTL 非门与图 2-8 所示的反相器相比，倒相级 VT_2 在电路状态转换过程中具有很大的放大倍数，其电压传输特性要陡，因而提高了抗干扰能力。

（二）输入特性
输入端的等效电路如图 2-15（a）所示，其特性曲线如图 2-15（b）所示。

1. 输入低电平时

$$I_{IL}=-\frac{U_{CC}-U_{BE1}-U_{IL}}{R_1}\approx-1mA$$

$u_I=0$ 时的输入电流叫做输入短路电流 I_{IS}。显然 I_{IS} 的数值比 I_{IL} 稍大一点。

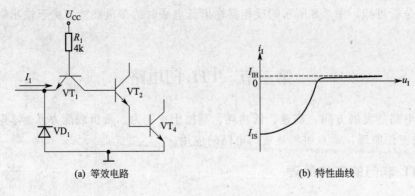

| (a) 等效电路 | (b) 特性曲线 |

图 2-15　输入端特性

2. 输入高电平时

$U_{B1} = 2.1V$（被 VT_1 的集电结、VT_2、VT_4 的发射结限幅），VT_1 的发射结反偏，所以高电平输入电流 I_{IH} 也很小。74LS 系列门电路的每个输入端的 I_{IH} 在 $40\mu A$ 以下。

同时说明，当输入端开路时，VT_1 也没有发射极电流，相当于输入高电平。

若 TTL 门电路作为前级的负载，当前级输出高电平时，它是一个很轻的拉电流负载，而前级输出低电平时，它是一个较重的灌电流负载。

输入电压介于高、低电平之间的情况要复杂一些，但考虑到这种情况只发生在输入信号电平转换的短暂过程中，所以就不做详细分析了。

（三）输出特性

1. 高电平输出特性

输出高电平时的等效电路如图 2-16（a）所示。VT_3 工作在射极输出器状态，输出电阻较小，带拉电流负载能力较强，故拉电流对输出高电平影响不大，但考虑到门电路（主要是 VT_3 工作在放大状态）的功耗限制，74LS 系列规定 $I_{OH} = 0.4mA$。

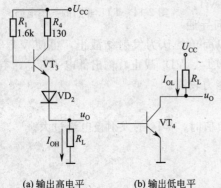

| (a) 输出高电平时的等效电路 | (b) 输出低电平时的等效电路 |

图 2-16　输出特性

2. 低电平输出特性

输出低电平时的等效电路如图 2-16（b）所示。VT_4 工作在饱和状态，输出电阻很小（一般只有 10Ω 左右），故灌电流对输出低电平影响也很小，但考虑到门电路的功耗（主要是 VT_3）限制，74LS 系列的 $I_{OL} = 8mA$。

当发现门电路的输出电平不正常时，应从三个方面来考虑：①输入电平是否满足要求；②负载是否太重；③门电路本身损坏。

三、其他类型的 TTL 门电路

（一）其他功能的 TTL 门电路

常用的其他功能的 TTL 门电路有：与门、与非门、或门、或非门、与或非门、异或门。

在使用这些门电路时，会遇到多余输入端的问题，处理方法如图 2-17 所示。

对于与门、与非门的处理办法是一样的，并联使用或接电源。

对于或门、或非门的处理办法是一样的，并联使用或接地。

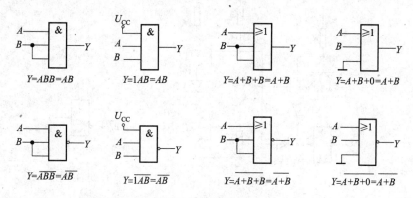

A
B
Y
&
U_{CC}
≥1
$Y=ABB=AB$
$Y=1AB=AB$
$Y=A+B+B=A+B$
$Y=A+B+0=A+B$
$Y=\overline{ABB}=\overline{AB}$
$Y=\overline{1AB}=\overline{AB}$
$Y=\overline{A+B+B}=\overline{A+B}$
$Y=\overline{A+B+0}=\overline{A+B}$

图 2-17　多余输入端的处理

（二）其他输出结构的 TTL 门电路

1. 集电极开路（OC）门

以集电极开路的三态反相器为例，就是去掉图 2-14 中的 VT_3、VD_2，VT_4 的集电极内部开路，如图 2-18 所示。实际上这种电路只有带上拉负载才能工作，注意负载的电源（U_{CC2}）一般不再是 5V，而是高于 5V，多数可工作在 12～15V，个别的型号可以工作在 30V。这样就可以带一些特殊的负载，如：小型的继电器（工作电压一般是 12V 或 24V）。

它的逻辑功能不变，只是输入、输出的电平不一致。当 $A=1$ 时，VT_4 饱和输出低电平（0.3V），$Y=0$；而当 $A=0$ 时，VT_4 截止，实际上门电路已和外围电路“脱离”，输出的高电平接近 U_{CC2}，$Y=1$，这种功能叫电平转换。

特别说明：OC 门不是功能的分类，只是电路的输出结构不同，因而在输出的接法上和前面讲的门电路是有区别的。除了实现电平转换以外，输出还可以并联。图 2-19 是 OC 与非门的符号及输出并联的接法。

图 2-19 所实现的逻辑功能是：

$$Y=\overline{AB}\cdot\overline{CD}=\overline{AB}+\overline{CD}$$

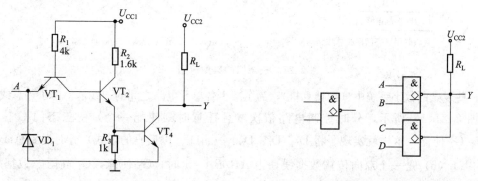

U_{CC1}
R_1
4k
R_2
1.6k
U_{CC2}
R_L
A
VT_1
VT_2
Y
VT_4
VD_1
R_3
1k

图 2-18　集电极开路的反相器

U_{CC2}
R_L
&
A
B
Y
C
D

图 2-19　OC 与非门的符号及输出并联的接法

2. 三态（TS）门

三态门是指电路的输出除了高、低电平，还有一个状态：高阻。现以一个三态反相器为例介绍，电路如图 2-20 所示。

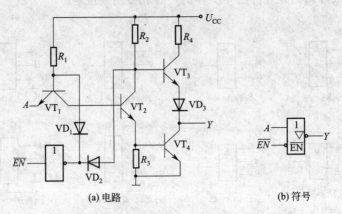

(a) 电路   (b) 符号

图 2-20 三态反相器

当 $\overline{EN}=0$ 时，VD_1、VD_2 均截止，实际上就是图 2-14 所示的反相器，实现正常的反相功能。

当 $\overline{EN}=1$ 时，VD_1、VD_2 均导通，迫使 VT_2、VT_3、VT_4 都截止，输出端就呈现高阻状态。

$\overline{EN}$ 叫做使能（或输出控制）端，低电平有效，也有高电平使能的。除了三态反相器，还有三态的与非门等。

三态门的典型应用如图 2-21 所示。

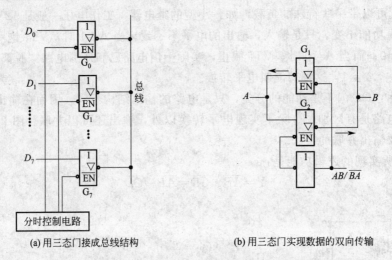

(a) 用三态门接成总线结构   (b) 用三态门实现数据的双向传输

图 2-21 三态门的典型应用

在一些复杂的数字系统中（如计算机），为了减少各单元电路之间的连线，使用了"总线"。

如图 2-21 (a) 所示，分时控制电路依次（且任意时刻使能一个）使三态门 G_0、G_1、G_2、…、G_7 使能，这样就实现了将 D_0、D_1、D_2、…、D_7（以反码的形式）分时送到总线上。

图 2-21 (b) 是一个双向传输数据线，当 $AB/\overline{BA}=1$ 时，G_2 使能，G_1 高阻，数据从 A 到 B；$AB/\overline{BA}=0$ 时，G_1 使能，G_2 高阻，数据从 B 到 A。

四、TTL 的改进系列

为了满足用户在减小功耗、提供速度、提高带载能力、提高抗干扰能力及与其他电路的电平兼容等方面的要求，对 74 系列进行了一系列的改进和功能的扩充，派生了若干子系列。在工艺上同时满足上述要求是有一定困难的，甚至是不可能的，所以不同的子系列有着自己的特点。

常用的有以下几种。

74LS×××：低功耗中速 TTL，功耗是 74 系列的 1/5，速度与 74 系列相当。

74ALS×××：先进的 74LS，功耗是 74 系列的 1/10，速度是 74 系列的 4 倍。

74HC×××：电平与 TTL 兼容的 CMOS 逻辑电路（下一节的内容）。

（其中"×××"只要相同逻辑功能就相同，但电气性能不同）。

74 系列的工作温度是 0～70℃。和 74 系列功能一一对应而工作温度为 −55～125℃ 的产品是 54 系列，它主要用于军工产品、汽车电子产品。

第四节　CMOS 门电路

一、MOS 管的开关特性

（一）MOS 管的基本开关电路

由增强型 MOS 管构成的基本开关电路如图 2-22 所示。

当 $u_I = U_{GS} < U_{GS(TH)}$ 时，MOS 管工作在截止区，只要 $R_D \ll R_{OFF}$（MOS 管的截止内阻），输出即为高电平，$u_O = U_{OH} \approx U_{DD}$。这时 MOS 管的 D-S 间就相当于一个断开的开关。

当 $u_I > U_{GS(TH)}$ 时，沟道电阻开始减小，当 u_I 继续增大，MOS 管的导通电阻 R_{ON} 变得很小（通常小于 1kΩ），只要 $R_D \gg R_{ON}$，则开关电路的输出为低电平，$u_O = U_{OL} \approx 0V$。这时 MOS 管的 D-S 间就相当于一个闭合的开关。

可以将 MOS 管看作是一个电压控制的电子开关。

由此可见，只要适当选择电路的参数（主要是 U_{DD} 和 R_D）和输入信

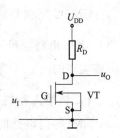

图 2-22　MOS 管的基本开关电路

号的电平，就可以实现：输入低电平时，MOS 管截止，输出高电平；输入高电平时，MOS 管导通，输出低电平。

（二）MOS 管的开关等效电路

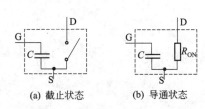

(a) 截止状态　　(b) 导通状态

图 2-23　MOS 管的开关等效电路

MOS 管截止时漏源间的内阻 R_{OFF} 很大，可视为开路，如图 2-23（a）所示，MOS 管导通时漏源间的内阻 R_{ON} 约在 1kΩ 以内，而且与 U_{GS} 有关。因此这个电阻有时不能忽略不计，所以在图中画出了这个电阻。

图 2-23 中 C 表示 MOS 管栅极的输入电容。C 的数值约为几个皮法。开关电路的输出端不可避免地会带有一定的负载电容，所以在动态工作时，漏极电流 I_D 和输出电压 $U_O = U_{DS}$ 的变化会滞后于输入电压的变化。

二、CMOS 反相器的工作原理

CMOS 反相器的基本电路如图 2-24 所示。

VT_1 为增强型 PMOS，VT_2 为增强型 NMOS，VD_1、VD_2 是保护二极管。

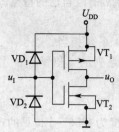

图 2-24　CMOS 反相器的基本电路

$u_I = 0V$ 时，VT_1 导通，VT_2 截止，$u_O \approx U_{DD}$。

$u_I = U_{DD}$ 时，VT_1 截止，VT_2 导通，$u_O \approx 0$。

可见输出与输入之间为逻辑非的关系。

正常情况下，VD_1、VD_2 是截止的，只是当 $u_I > U_{DD}$ 时，VD_1 导通，$u_I < 0V$ 时 VD_2 导通，对电路进行保护。

静态时 VT_1、VT_2 总是有一个导通而另一个截止，即所谓互补状态，所以把这种电路结构形式称为互补 MOS（Complementary—Symmetery MOS，简称 CMOS）。工作在互补状态，流过 VT_1、VT_2 的静态电流极小，CMOS 反相器的静态功耗极小。这是 CMOS 电路最突出的一大优点。

三、CMOS 反相器的特性曲线

(一) 电压传输特性及噪声容限

CMOS 反相器的电压传输特性如图 2-25 所示。阈值电压 $U_{TH} = \frac{1}{2}U_{DD}$，特性很陡，从而使 CMOS 电路获得了更大的输入噪声容限，且随着电源电压提高而增大，这是 TTL 电路所不能实现的。

(二) 输入特性

CMOS 门电路的输入级都有保护电路。在正常情况下，不论输入高电平（U_{DD}）还是低电平（0V），保护电路不动作，其输入电流不大于 $1\mu A$。

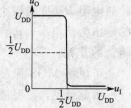

图 2-25　CMOS 反相器的电压传输特性

由于保护电路的二极管电流的容量有限，一般为 1mA，所以有可能出现大电流的场合，如：输入端接有低内阻的信号源、长线时（存在分布电感和分布电容），应在输入端串入保护电阻，确保流经保护二极管的电流不超过 1mA。

(三) 输出特性

输出特性与 TTL 电路相似，在 $U_{DD} > 5V$ 时，且输出电流不超出允许范围时，$U_{OH} \geq 0.95U_{DD}$；$U_{OL} \leq 0.05V$。

四、其他类型的 CMOS 门电路

(一) 其他逻辑功能的 CMOS 门电路

在 CMOS 门电路的系列产品中，除了反相器外常用的还有与门、或门、与非门、或非门、与或非门、异或门等。

(二) 漏极开路的门电路 (OD 门)

如同 TTL 电路中的 OC 门那样，CMOS 门的输出电路结构也可做成漏极开路（OD）的

形式，其使用方法与 TTL 的 OC 门类似。

（三）CMOS 传输门和双向模拟开关

CMOS 传输门如图 2-26 所示，图中 C 和 $\overline{C}$ 是一对互补的控制信号。VT_1 的底衬接 U_{DD}、VT_2 的底衬接地，这时源极、漏极是可以互换的，输入、输出也可以互换，即是双向传输的。

若 $C=0$（0V）、$\overline{C}=1$（U_{DD}）时，VT_1、VT_2 均截止，输入与输出之间呈高阻态（R_{OFF} $>10^9\Omega$），传输门截止。

若 $C=1$（U_{DD}）、$\overline{C}=0$（0V）时，输入在 $0\sim U_{DD}$ 之间 VT_1、VT_2 总有一个导通，输入与输出之间呈低阻态（$R_{ON}<1k\Omega$），传输门导通。

利用传输门和反相器可以组合成各种复杂的逻辑电路。

传输门的另一个重要用途是做模拟开关，用来传输连续变化的模拟电压信号。这一点是无法用一般的逻辑门实现的。模拟开关的基本电路是由传输门和反相器组成的，如图 2-27 所示。

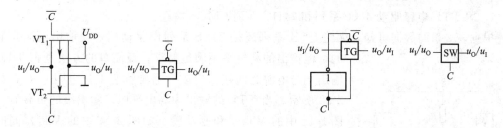

图 2-26　CMOS 传输门　　　　　　　　　　图 2-27　模拟开关

模拟开关广泛用于多路信号的切换，如电视机的多路音频、视频切换。常用的模拟开关有 CC4066 四路双向模拟开关，在 $U_{DD}=15V$ 时的导通电阻 $R_{ON}<240\Omega$，且基本不受输入电压的影响。目前精密的 CMOS 双向模拟开关的 $R_{ON}<10\Omega$（如 MAX312、313、314）。

（四）三态输出的 CMOS 门电路

从逻辑功能和应用的角度上讲，三态输出的 CMOS 门电路和 TTL 三态门电路没有什么区别，只是在电路结构上 CMOS 的三态输出门电路要简单得多。

五、TTL 电路与 CMOS 电路的接口

在目前 TTL 与 CMOS 两种电路并存的情况下，经常会遇到两种电路互相对接的问题。

驱动门必须能为负载门提供合乎标准的高、低电平和足够的驱动电流，也就是必须同时满足下列各式：

驱动门	负载门		驱动门	负载门
$U_{OH(min)}\geqslant U_{IH(min)}$			$I_{OH(max)}\geqslant nI_{IH(max)}$	
$U_{OL(max)}\leqslant U_{IL(max)}$			$I_{OL(max)}\geqslant mI_{IL(max)}$	

其中 n 和 m 分别为负载电流中 I_{IH} 和 I_{IL} 的个数，当所有负载门的输入端没有并联（指多余输入端）的情况下，$n=m$。

为了便于对照比较，表 2-5 列出了 TTL 和 CMOS 两种电路输入电压、电流和输出电压、电流的参数。

表 2-5 TTL 和 CMOS 两种电路输入电压、电流和输出电压、电流的参数

参数/单位	TTL		CMOS		
	74 系列	74LS 系列	4000 系列[①]	74HC 系列	74HCT 系列
$U_{OH(min)}$/V	2.4	2.7	4.6	4.4	4.4
$U_{OL(max)}$/V	0.4	0.5	0.05	0.1	0.1
$U_{IH(min)}$/V	2.0	2.0	3.5	3.5	2
$U_{IL(max)}$/V	0.8	0.8	1.5	1.0	0.8
$I_{OH(max)}$/mA	-0.4	-0.4	-0.51	-4.00	-4.00
$I_{OL(max)}$/mA	16	8	0.51	4.00	4.00
$I_{IH(max)}$/μA	40	20	0.1	0.1	0.1
$I_{IL(max)}$/mA	-1.6	-0.4	-0.1×10^{-3}	-0.1×10^{-3}	-0.1×10^{-3}

① 4000 系列电路在 $U_{DD}=5V$ 时的参数。

(一) 用 TTL 电路驱动 CMOS 电路

1. 用 TTL 电路驱动 4000 系列和 74HC 系列 CMOS 电路

根据表 2-5 的数据可知，无论是 74 系列还是 74LS 系列作驱动门，其输出电流是满足

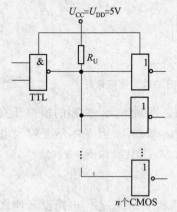

的，但输出的高电平不满足要求。最简单的方法是在 TTL 的输出端与电源之间接一电阻（通常称为上拉电阻）R_U，如图 2-28 所示。当 TTL 的输出为高电平时，输出级的负载管（如图 2-14 中的 VT_3）和驱动管（如图 2-14 中的 VT_4）同时截止，故有：

$$U_{OH}=U_{DD}-R_U(I_O+nI_{IH})$$

式中，I_O 为 TTL 输出级截止时的漏电流。由于 I_O 和 I_{IH} 都很小，所以只要 R_U 值不是特别大，输出高电平将被提到 $U_{OH}\approx U_{DD}$。

在 CMOS 的电源电压较高（4000 系列）时，可采用 OC 门进行电平转换。另一种解决的方法是采用专用的电平转换电路，如 CC40109。它有两个电源 U_{CC} 和 U_{DD}，当 $U_{CC}=5V$，$U_{DD}=10V$ 时，$U_{IH(min)}=3.5V$，$U_{IL(max)}=1.5V$，$U_{OH(min)}=9V$，$U_{OL(max)}=1V$，能够满足后面 CMOS 电路对输入高、低电平的要求。

图 2-28 TTL 驱动 74HC 系列 CMOS

2. 用 TTL 电路驱动 74HCT 系列 CMOS 电路

74HCT 系列是为了和 TTL 系列兼容而设计的，可以直接驱动。

(二) 用 CMOS 电路驱动 TTL 电路

1. 用 4000 系列 CMOS 电路驱动 74 系列 TTL 电路

需要扩大 CMOS 门电路输出低电平时带灌电流负载的能力，常用的方法有以下几种。

第一种方法是将同一封装内的门电路并联使用，如图 2-29 所示。

特别指出：这里讲的并联不只是输出端的并联，门电路的输入端也必须分别对应的并联。

第二种方法是利用专用的 CMOS 驱动器，如 CC4010（双电源供电的六同相缓冲器/转换器），驱动电路如图 2-30 所示。当 $U_{DD}=U_{CC}=5V$ 时，$I_{OL}\geqslant3.2mA$，足以同时驱动两个

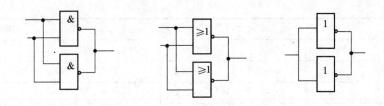

图 2-29　门电路的并联使用

74 系列的 TTL 门电路。

2. 用 4000 系列 CMOS 电路驱动 74LS 系列 TTL 电路

查表 2-5 可知，4000 系列 CMOS 电路可以直接驱动一个 74LS 系列 TTL 电路。如果驱动两个 74LS 系列 TTL 电路，则仍需采用上面讲到的方法才能连接。

3. 用 74HC/74HCT 系列 CMOS 电路驱动 TTL 电路

查表 2-5 可知，无论负载门是 74 系列还是 74LS 系列的 TTL 电路，都可以用 74HC/74HCT 系列 CMOS 电路直接驱动一个 74LS 系列 TTL 电路。可驱动负载门的个数不难从表 2-4 的数据中求出。

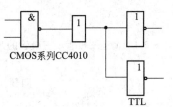

图 2-30　通过专用的 CMOS
驱动器驱动 TTL 门电路

本　章　小　结

① 在数字电路中，半导体器件一般都工作在开关状态。

② 在数字电路中，不论输入还是输出，只要能明确区分高电平和低电平两个状态就可以了，所以，高电平和低电平都允许有一定的范围。

③ 数字电路对元器件的精度要求不太高、抗干扰能力强、功耗小、集成度高。

④ 本章重点介绍了 TTL 和 CMOS 门电路的外特性。门电路的外特性包含两个内容，一个是输出和输入之间的逻辑关系，即逻辑功能；另一个是外部的电气特性，包括电压传输特性、输入特性、输出特性，进而分析了门电路的抗干扰能力和带负载能力。

⑤ 本章还比较详细的介绍了集电极开路门电路、三态门、传输门及其应用。

⑥ 本章最后介绍 TTL 和 CMOS 门电路的接口电路。

⑦ 为了便于比较，将常用系列门电路的主要参数列于下表，仅供参考。

常用系列门电路的主要参数

参数/单位	TTL				CMOS	
	74	74LS	74AS	74ALS	4000[①]	74HC
U_{CC}/V	5	5	5	5	5	5
$U_{IH(min)}/V$	2.0	2.0	2.0	2.0	3.5	3.5
$U_{IL(max)}/V$	0.8	0.8	0.8	0.8	1.5	1.0
$U_{OH(min)}/V$	2.4	2.7	2.7	2.7	4.6	4.4
$U_{OL(max)}/V$	0.4	0.5	0.5	0.5	0.05	0.1
$I_{IH(max)}/\mu A$	40	20	200	20	0.1	0.1

参数/单位	TTL				CMOS	
	74	74LS	74AS	74ALS	4000①	74HC
$I_{IL(max)}$/mA	-1.6	-0.4	-2.0	-0.2	-0.1×10^{-3}	-0.1×10^{-3}
$I_{OH(max)}$/mA	-0.4	-0.4	-2.0	-0.4	-0.51	-4.00
$I_{OL(max)}$/mA	16	8	20	8	0.51	4.00
t_{pd}/ns	10	10	1.5	4	45	10
P(功耗/门)/mW	10	2	20	1	5×10^{-3}	1×10^{-3}

① 不包括专用驱动门电路，如 4513 等。

习　题

2-1 简述二极管、三极管的开关条件。

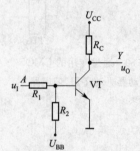

图题 2-2

2-2 反相器如图题 2-2 所示。在 U_{IL}、U_{IH} 一定的情况下，定性回答下列问题。

①为提高输入低电平时的抗干扰能力，R_1、R_2、$|-U_{BB}|$ 应如何选取？

②为提高输入高电平时的抗干扰能力，R_1、R_2、$|-U_{BB}|$、R_C、β、U_{CC} 应如何选取？

③为提高输出高电平时的带负载能力，R_C 应如何选取？

④为提高输出低电平时的带负载能力，R_1、R_2、$|-U_{BB}|$、R_C、β、U_{CC} 应如何选取？

⑤为提高反相器的工作速度，R_1、R_2、$|-U_{BB}|$、R_C、β、U_{CC} 应如何选取？

2-3 图题 2-3 中的门电路均为 TTL 门电路，三极管导通、饱和时 $U_{BES} = 0.7V$，若 $U_{IH} = 3.6V$，$U_{IL} = 0.3V$，$U_{OHmin} = 3V$，$U_{OLmax} = 0.3V$，$I_{OLmax} = 15mA$，$I_{OHmax} = 0.5mA$。试回答下列问题。

在图题 2-3（a）中，要使 $Y_1 = \overline{AB}$、$Y_2 = AB$，试确定 R 的取值范围。

在图题 2-3（b）中，$\beta = 20$，$R_C = 2k\Omega$，要使 $Y_1 = \overline{AB}$、$Y_2 = AB$，试确定 R_B 的取值范围。

在图题 2-3（c）中，$\beta = 30$，$R_C = 1.8k\Omega$，要使 $Y_1 = \overline{AB}$、$Y_2 = AB$，试确定 R_B 的取值范围。

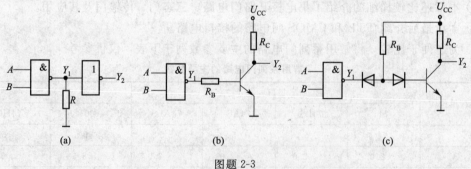

图题 2-3

2-4 试说明能否将与非门、或非门、异或门当作反相器使用？如果可以，其他输入端应如何连接？

2-5 图题 2-5 中，哪个电路是正确的？并写出其表达式。

2-6 试用 74 系列门电路驱动发光二极管的电路，设发光二极管的导通电流为 10mA，要求 $U_I = U_{IH}$ 时，发光二极管 LED 导通并发光，试问图题 2-6（a）、（b）两个哪一个合理？

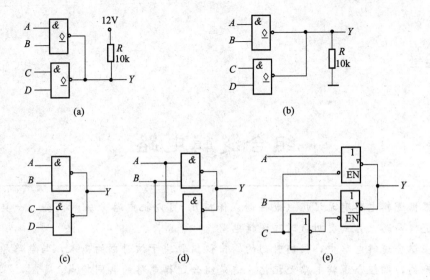

图题 2-5

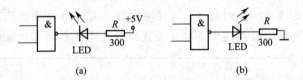

图题 2-6

2-7　试比较 TTL 电路和 CMOS 电路的优、缺点。

2-8　74LS 系列门电路能带几个同类门？4000 系列门电路能带几个同类门？

第三章

组合逻辑电路

根据逻辑电路有无记忆（或存储、保持），可以把电路分成两大类，一类叫做组合逻辑电路，另一类叫做时序逻辑电路。

在组合逻辑电路中，任何时刻的输出仅仅取决于该时刻的输入，与电路原来的状态无关，即组合逻辑电路无记忆。这是组合逻辑电路的共同特点。

在时序逻辑电路中，任何时刻的输出不仅取决于该时刻的输入，而且还与电路原来的状态有关，即时序逻辑电路有记忆。这是时序逻辑电路的共同特点。

组合逻辑电路逻辑功能的描述方法主要是逻辑图。在许多情况下逻辑图所表示的逻辑功能不够直观，往往还需要转换为逻辑表达式或逻辑真值表的形式。

第一节　组合逻辑电路的分析与设计

一、组合逻辑电路的分析方法

组合逻辑电路的分析方法如下。

① 从电路的输入到输出逐级写出逻辑函数表达式。

② 整理化简逻辑函数表达式。

③ 为了使电路的逻辑功能更加清晰，有时还需要转换为真值表的形式。

④ 如有可能，应该对电路进行简要的文字描述。

【例 3-1】 分析图 3-1 所示逻辑电路的功能。

解　$Y = \overline{\overline{AB}\,\overline{BC}\,\overline{AC}} = AB + BC + AC$

从上面的逻辑函数式还不能立刻看出这个电路的逻辑功能和用途，将其转换成真值表，如表 3-1 所示。可以很容易地观察到：输出与输入多数一致，可以称其为多数表决电路。

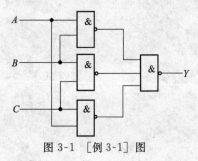

图 3-1　[例 3-1] 图

表 3-1　[例 3-1] 的真值表

A	B	C	Y
0	0	0	0
0	0	1	0
0	1	0	0
0	1	1	1
1	0	0	0
1	0	1	1
1	1	0	1
1	1	1	1

二、组合逻辑电路的设计方法

组合逻辑电路的设计有以下步骤。

(一)根据命题要求列出真值表

① 分析命题。分析事件的因果关系，确定输入变量和输出变量。决定事件的条件作输入，事件的结果作输出。

② 状态赋值。用0、1分别表示输入和输出的两个不同的状态。

③ 列出真值表。至此，便将一个实际的逻辑命题抽象成了一个（或一组）逻辑函数。

(二)写出逻辑函数式

为了便于对逻辑函数的化简和转换，需要把真值表转换成逻辑函数式。

(三)选定器件的类型

为了实现逻辑函数，可以用门电路，也可以用常用的中规模组合逻辑器件或可编程逻辑器件来构成。应根据题目的要求、器件的资源情况及开发设备的情况来决定选用哪一类器件。

(四)将逻辑函数式变换成适当的形式

若用门电路设计时，最好使用同一类门，如全部用与非门，就需要把逻辑函数式转换成**与非—与非表达式**。

关于用中规模组合逻辑器件或可编程逻辑器件设计组合逻辑电路的方法，在后面的章节中介绍。

目前，用于逻辑设计的计算机辅助设计软件，能够实现对逻辑函数进行化简和转换的功能。

(五)画出逻辑电路

根据逻辑表达式画出逻辑图。至此，一个实际逻辑命题的原理性设计（或称逻辑设计），就已经完成。

(六)工艺设计

工艺设计有：印刷电路板、机箱、面板、电源、显示、开关等内容。最后还需要组装、调试。

【例 3-2】 一个水容器，A 为水面上限，C 为水面下限，B 介于 A、C 之间，在 A、B、C 处分别装有三个电极，浸没电极时有信号发出，用来进行状态显示。水面在 A、B 之间，为正常状态，点亮绿灯 G；水面在 B、C 之间或 A 以上，为异常状态，点亮黄灯 Y；水面在 C 以下，为危险状态，点亮红灯 R。用与非门设计一个电路，实现上述逻辑关系。

解 ① 确定输入、输出变量并进行状态赋值。

输入为 A、B、C，浸没时为1，未浸没时为0。

输出为 G、Y、R，点亮时为1，灯灭时为0。

② 列真值表

依题意列真值表如表 3-2 所示，其中 $ABC=010$、100、101、110 是不会出现的，视为约束项。

表 3-2 ［例 3-2］的真值表

A B C	G	Y	R
0 0 0	0	0	1
0 0 1	0	1	0
0 1 0	×	×	×
0 1 1	1	0	0
1 0 0	×	×	×
1 0 1	×	×	×
1 1 0	×	×	×
1 1 1	0	1	0

③ 画卡诺图并化简

根据真值表分别画 G、Y、R 的卡诺图如图 3-2 (a)、(b)、(c) 所示。化简后得：

$$G = \overline{A}B$$

$$Y = A + \overline{B}C$$

$$R = \overline{C}$$

为了用与非门来实现这个电路，再将上述表达式转换为与非—与非表达式：

$$G = \overline{A}B = \overline{\overline{\overline{A}B}}$$

$$Y = A + \overline{B}C = \overline{\overline{A}\,\overline{\overline{B}C}}$$

$$R = \overline{C}$$

④ 画逻辑图

根据上述逻辑表达式，画逻辑图如图 3-2 (d) 所示。

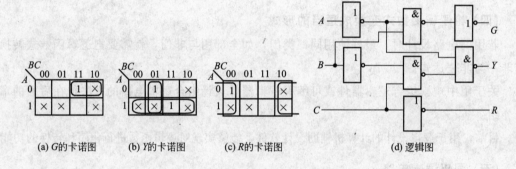

(a) G 的卡诺图   (b) Y 的卡诺图   (c) R 的卡诺图   (d) 逻辑图

图 3-2 ［例 3-2］的卡诺图和逻辑图

第二节　常用组合电路

一、编码器

用数码或字母表示特定对象的过程叫做编码，这里只限于用二进制数码 0、1 进行编码。用 n 位二进制数码可对 2^n 个特定对象进行编码。

（一）普通编码器

普通编码器对输入要求比较苛刻，任何时刻只允许一个输入信号有效，即输入信号之间是有约束的。图 3-3 是一个两位二进制编码器的框图。有 4 个输入（对象）$I_3 \sim I_0$，且为高电平有效，输出是两位二进制数码 Y_1、Y_0。又称它为 4 线—2 线编码器，其真值表如表 3-3 所示，输入信号只有 4 种组合。

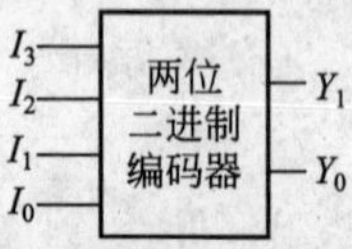

对于图 3-3 所示二进制编码器，由于存在特殊的约束，其真值表可简化为表 3-4，逻辑函数式可由表 3-4 所示的真值表直接分析得到。

图 3-3　两位二进制编码器

<table>
<tr><td colspan="7">表 3-3　两位二进制编码器的真值表</td></tr>
</table>

表 3-3　两位二进制编码器的真值表

输　　入				输　　出	
I_0	I_1	I_2	I_3	Y_1	Y_0
1	0	0	0	0	0
0	1	0	0	0	1
0	0	1	0	1	0
0	0	0	1	1	1

表 3-4　简化真值表

输入	Y_1	Y_0
I_0	0	0
I_1	0	1
I_2	1	0
I_3	1	1

$$Y_1 = I_2 + I_3$$
$$Y_0 = I_1 + I_3$$

逻辑函数式中没有出现 I_0，它对应的编码 00 叫做隐含编码，就是说，当 I_3、I_2、I_1 均无效时编码器的输出自然就是 I_0 的编码。

这种编码器对输入要求太苛刻，因而实用价值不大。

（二）优先编码器

所谓优先编码器就是可以有若干输入信号同时有效，编码器按照输入信号的优先级别进行编码。

74LS147 是一个 10 线—4 线优先编码器，如图 3-4 所示，输出是8421BCD 的反码，其功能表见表 3-5。不难看出，输入低电平有效，$\overline{9}$ 的级别最高，$\overline{1}$ 的级别最低，$\overline{0}$ 在功能表中并没有出现，当 $\overline{9}\sim\overline{1}$ 均无效（即均为高电平）时输出为 1111，就是 $\overline{0}$ 的编码。

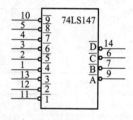

图 3-4　74LS147 的符号

表 3-5　74LS147 的功能表

输　　　　　入									输出（8421BCD 码）			
$\overline{9}$	$\overline{8}$	$\overline{7}$	$\overline{6}$	$\overline{5}$	$\overline{4}$	$\overline{3}$	$\overline{2}$	$\overline{1}$	$\overline{D}$	$\overline{C}$	$\overline{B}$	$\overline{A}$
0	×	×	×	×	×	×	×	×	0	1	1	0
1	0	×	×	×	×	×	×	×	0	1	1	1
1	1	0	×	×	×	×	×	×	1	0	0	0
1	1	1	0	×	×	×	×	×	1	0	0	1
1	1	1	1	0	×	×	×	×	1	0	1	0
1	1	1	1	1	0	×	×	×	1	0	1	1
1	1	1	1	1	1	0	×	×	1	1	0	0
1	1	1	1	1	1	1	0	×	1	1	0	1
1	1	1	1	1	1	1	1	0	1	1	1	0
1	1	1	1	1	1	1	1	1	1	1	1	1

二、译码器

译码是编码的逆过程，即把编码的特定含义"翻译"过来。常用的译码器有二进制译码器、二—十进制译码器和显示译码器。

（一）二进制译码器

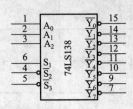

图 3-5　74LS138 的符号

74LS138 三位二进制译码器，其符号如图 3-5 所示，其真值表如表 3-6 所示，74LS138 译码器输出低电平有效。

S_1、$\overline{S_2}$、$\overline{S_3}$ 为附加的控制端，便于用户的功能扩展，只有 $S_1=1$、$\overline{S_2}=0$、$\overline{S_3}=0$ 时，译码器才工作。所以 S_1、$\overline{S_2}$、$\overline{S_3}$ 有时也叫使能端、片选端。有时将使能条件写为：$S=S_1\,\overline{\overline{S_2}+\overline{S_3}}=1$。

表 3-6　74LS138 的真值表

输　入				输　出							
S_1	$\overline{S_2}+\overline{S_3}$	$A_2\ A_1\ A_0$		$\overline{Y_0}$	$\overline{Y_1}$	$\overline{Y_2}$	$\overline{Y_3}$	$\overline{Y_4}$	$\overline{Y_5}$	$\overline{Y_6}$	$\overline{Y_7}$
0	×	× × ×		1	1	1	1	1	1	1	1
×	1	× × ×		1	1	1	1	1	1	1	1
1	0	0 0 0		0	1	1	1	1	1	1	1
1	0	0 0 1		1	0	1	1	1	1	1	1
1	0	0 1 0		1	1	0	1	1	1	1	1
1	0	0 1 1		1	1	1	0	1	1	1	1
1	0	1 0 0		1	1	1	1	0	1	1	1
1	0	1 0 1		1	1	1	1	1	0	1	1
1	0	1 1 0		1	1	1	1	1	1	0	1
1	0	1 1 1		1	1	1	1	1	1	1	0

由真值表可以得到输出的逻辑函数式：

$$\overline{Y_0}=\overline{\overline{A_2}\ \overline{A_1}\ \overline{A_0}}$$

$$\overline{Y_1}=\overline{\overline{A_2}\ \overline{A_1}\ A_0}$$

$$\overline{Y_2}=\overline{\overline{A_2}\ A_1\ \overline{A_0}}$$

$$\overline{Y_3}=\overline{\overline{A_2}\ A_1\ A_0}$$

$$\overline{Y_4}=\overline{A_2\ \overline{A_1}\ \overline{A_0}}$$

$$\overline{Y_5}=\overline{A_2\ \overline{A_1}\ A_0}$$

$$\overline{Y_6}=\overline{A_2\ A_1\ \overline{A_0}}$$

$$\overline{Y_7}=\overline{A_2\ A_1\ A_0}$$

1. 用二进制译码器设计组合电路

当 $S=S_1\,\overline{\overline{S_2}+\overline{S_3}}=1$ 时，若将 A_2、A_1、A_0 作为三个输入变量，输出恰好是 8 个最小项的反 $\overline{m_0}\sim\overline{m_7}$，利用附加的门电路就可以实现任何三变量的函数。

【例 3-3】 利用 74LS138 实现 $Y=AB+BC+CA$。

解　先将函数式转换成标准与或式

$$Y=\overline{A}BC+A\overline{B}C+AB\overline{C}+ABC$$

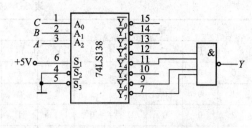

$$Y=m_3+m_5+m_6+m_7$$

令 $A=A_2$，$B=A_1$，$C=A_0$

再用摩根定理

$$Y=\overline{\overline{m_3+m_5+m_6+m_7}}=\overline{\overline{m_3}\ \overline{m_5}\ \overline{m_6}\ \overline{m_7}}$$

$$=\overline{\overline{Y_3}\ \overline{Y_5}\ \overline{Y_6}\ \overline{Y_7}}$$

实现上式组合逻辑的电路如图 3-6 所示。

图 3-6 用 74LS138 实现组合逻辑

2. 74LS138 的扩展应用

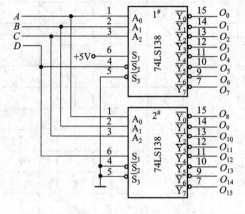

图 3-7 74LS138 的扩展

由两片 74LS138 实现 4 线—16 线译码器如图 3-7 所示。

输入为 D、C、B、A，其中 C、B、A 作低三位直接接到 1# 和 2# 片的 $A_2A_1A_0$ 端，而 D 作最高位，用来作片选信号，$O_0\sim O_{15}$ 为输出。

当 $D=0$ 时，1# 片工作；$D=1$ 时，2# 片工作。例：$DCBA=0011$ 时，输出只有 O_3（1# 片的 Y_3）为低电平。$DCBA=1011$ 时，输出只有 O_{11}（2# 片的 Y_3）为低电平。

3. 用 74LS138 作数据分配器

带控制输入端的译码器又是一个完整的数据分配器。

由 74LS138 构成的一位数据分配器如图 3-8 所示。$S_1=1$、$\overline{S_3}=0$，$\overline{S_2}$ 为数据输入端 D，而将 A_2、A_1、A_0 作为数据分配器的地址。

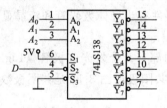

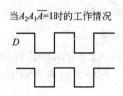

当 $A_2A_1\overline{A}=1$时的工作情况

图 3-8 数据分配器

例如当 $A_2A_1A_0=110$ 时，若 $\overline{S_2}=1$，译码器 $\overline{Y_0}\sim\overline{Y_7}$ 均为 1，而 $\overline{S_2}=0$ 时，译码器使能（即正常工作），且只有 $\overline{Y_6}=0$；而其他输出均为 1，即 $\overline{Y_6}=\overline{S_2}=D$，也就是说：把数据 D 分配到了输出端 $\overline{Y_6}$。

由此看来，从 $\overline{S_2}$ 送来的数据只能分配到由 A_2、A_1、A_0 所指定的那一个输出端，这就不难理解为什么把 A_2、A_1、A_0 叫地址输入端了。

（二）二—十进制译码器

74LS42 是二—十进制译码器，输入为 8421BCD 码，有 10 个输出，又叫 4 线—10 线译码器，输出低电平有效。74LS42 符号如图 3-9 所示，功能表如表 3-7 所示。

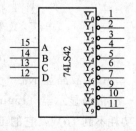

图 3-9 74LS42 的符号

表 3-7　74LS42 的功能表

序号	输入				输出									
	D	C	B	A	$\overline{Y_0}$	$\overline{Y_1}$	$\overline{Y_2}$	$\overline{Y_3}$	$\overline{Y_4}$	$\overline{Y_5}$	$\overline{Y_6}$	$\overline{Y_7}$	$\overline{Y_8}$	$\overline{Y_9}$
0	0	0	0	0	0	1	1	1	1	1	1	1	1	1
1	0	0	0	1	1	0	1	1	1	1	1	1	1	1
2	0	0	1	0	1	1	0	1	1	1	1	1	1	1
3	0	0	1	1	1	1	1	0	1	1	1	1	1	1
4	0	1	0	0	1	1	1	1	0	1	1	1	1	1
5	0	1	0	1	1	1	1	1	1	0	1	1	1	1
6	0	1	1	0	1	1	1	1	1	1	0	1	1	1
7	0	1	1	1	1	1	1	1	1	1	1	0	1	1
8	1	0	0	0	1	1	1	1	1	1	1	1	0	1
9	1	0	0	1	1	1	1	1	1	1	1	1	1	0
伪码	1	0	1	0	1	1	1	1	1	1	1	1	1	1
	1	0	1	1	1	1	1	1	1	1	1	1	1	1
	1	1	0	0	1	1	1	1	1	1	1	1	1	1
码	1	1	0	1	1	1	1	1	1	1	1	1	1	1
	1	1	1	0	1	1	1	1	1	1	1	1	1	1
	1	1	1	1	1	1	1	1	1	1	1	1	1	1

（三）显示译码器

1. 常用显示器件

为了能以十进制数码直观地显示数字系统的运行数据，目前广泛使用了七段字符显示器件，或叫七段数码管。常见的七段字符显示器件有半导体数码管和液晶显示器两种。

（1）半导体数码管

小于 0.5in（1in＝2.54cm）的数码管，内部有 8 个发光二极管（Light Emitting Diode，简称 LED），其中一个做小数点，有共阴极和共阳极，图 3-10 是共阴极数码管的等效电路。

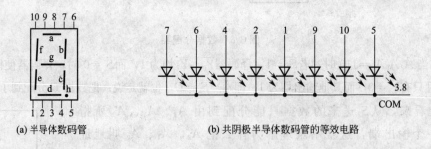

(a) 半导体数码管　　　(b) 共阴极半导体数码管的等效电路

图 3-10　半导体数码管

（2）液晶显示器

液晶显示器（Liguid Crystal Display，简称 LCD）最大的优点是功耗小，每平方厘米的功耗不到 1μW，它的工作电压也很低，在 1V 以下也可以工作。因此，它在便携式的仪器、仪表中得到广泛应用。

液晶显示器的两个电极间没有电场时，显示器呈灰白色（不显示）；在液晶显示器的两个电极间加一电场时，呈暗灰色（显示），通常加 $50\sim100\,Hz$ 的交变电压。

液晶显示器也使用了七段字符显示，其公共极也叫背电极，图 3-11 是 a 段的简单驱动电路，其他段的驱动电路与 a 段完全一样。u_{COM} 是加在公共极（COM）的脉冲信号，$A=0$ 时，两个电极间电压 $u_a=0$，a 段不显示，$A=1$ 时，两个电极间电压 u_a 为交变电压，a 段显示。

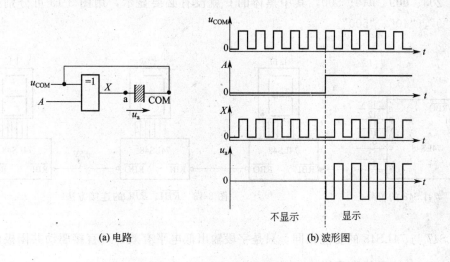

(a) 电路　　　　　　　　　　(b) 波形图

图 3-11　液晶显示器的驱动电路

2. 字符显示译码器

74LS48 是一个 BCD—七段译码 LED 驱动器，如图 3-12 所示，它的功能见表 3-8。

表 3-8　74LS48 的功能表

显示或功能	输入						输出						
	$\overline{LT}$	$\overline{RBI}$	D	C	B	A	$\overline{BI}/\overline{RBO}$	a	b	c	d	e	f	g
0	1	1	0	0	0	0	1/	1	1	1	1	1	1	0
1	1	×	0	0	0	1	1/	0	1	1	0	0	0	0
2	1	×	0	0	1	0	1/	1	1	0	1	1	0	1
3	1	×	0	0	1	1	1/	1	1	1	1	0	0	1
4	1	×	0	1	0	0	1/	0	1	1	0	0	1	1
5	1	×	0	1	0	1	1/	1	0	1	1	0	1	1
6	1	×	0	1	1	0	1/	0	0	1	1	1	1	1
7	1	×	0	1	1	1	1/	1	1	1	0	0	0	0
8	1	×	1	0	0	0	1/	1	1	1	1	1	1	1
9	1	×	1	0	0	1	1/	1	1	1	0	0	1	1
灭灯	×	×	×	×	×	×	0/	0	0	0	0	0	0	0
动态灭 0	1	0	0	0	0	0	/0	0	0	0	0	0	0	0
试灯,显示 8	0	×	×	×	×	×	1/	1	1	1	1	1	1	1

字段输出 a~g:高电平有效,可直接驱动共阴极的 $0.5\,in(1\,in=2.54\,cm)$ 半导体数码管。

$\overline{BI}/\overline{RBO}$:灭灯输入/动态灭 0 输出,低电平有效。这个端子比较特殊,既可作输入,也可作输出。功能表中"/"上边的字母$\overline{BI}$表示输入,"/"下边的字母$\overline{RBO}$表示输出。

$\overline{LT}$:试灯输入。

$\overline{RBI}$:动态 0 输入。

控制信号的优先级别是:$\overline{BI}$、$\overline{LT}$、$\overline{RBI}$。

图 3-13 是$\overline{RBI}$、$\overline{RBO}$的连接方法,目的是灭掉不必要的 0。假如正常译码的十进制数分别是:203、**00**9、**0**40、500,其中黑体的 0 就没有必要显示,用图 3-13 可分别显示为:"203"、"9"、"40"、"500"。

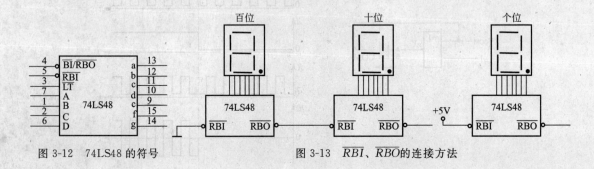

图 3-12 74LS48 的符号　　　　　图 3-13 $\overline{RBI}$、$\overline{RBO}$的连接方法

74LS47 与 74LS48 的功能相同,只是字段输出低电平有效,可直接驱动共阳极的 0.5in (1in＝2.54cm) 半导体数码管。

三、数据选择器

74LS151 是一个八选一的数据选择器,符号如图 3-14 所示,表 3-9 是 74LS151 的功能表,$\overline{ST}$ 为使能端。

表 3-9　74LS151 的功能表

输　　入				输　　出	
$\overline{ST}$	A_2	A_1	A_0	Y	$\overline{Y}$
1	×	×	×	0	1
0	0	0	0	D_0	$\overline{D_0}$
0	0	0	1	D_1	$\overline{D_1}$
0	0	1	0	D_2	$\overline{D_2}$
0	0	1	1	D_3	$\overline{D_3}$
0	1	0	0	D_4	$\overline{D_4}$
0	1	0	1	D_5	$\overline{D_5}$
0	1	1	0	D_6	$\overline{D_6}$
0	1	1	1	D_7	$\overline{D_7}$

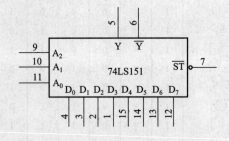

图 3-14　74LS151 的逻辑符号

当$\overline{ST}=0$时,Y 依据 $A_2A_1A_0$ 取值的不同,选择数据 $D_0\sim D_7$ 中的一个。

$Y=\overline{A_2}\,\overline{A_1}\,\overline{A_0}D_0+\overline{A_2}\,\overline{A_1}A_0D_1+\overline{A_2}A_2\,\overline{A_0}D_2+\overline{A_2}A_2A_0D_3+A_2\,\overline{A_1}\,\overline{A_0}D_4+A_2\,\overline{A_1}A_0D_5+A_2A_1\,\overline{A_0}D_6+A_2A_1A_0D_7$

如果把上式看作是三变量 A_2、A_1、A_0 的函数,而把 $D_0\sim D_7$ 看作系数可写成

$Y=m_0D_0+m_1D_1+m_2D_2+m_3D_3+m_4D_4+m_5D_5+m_6D_6+m_7D_7$

这个式子说明，当 $D_i=0$ 时，Y 不含相应的最小项 A_i，$D_i=1$ 时，Y 含相应的最小项 A_i。

如令　$D_0=D_1=D_2=D_4=0$；$D_3=D_5=D_6=D_7=1$

则　$Y=m_3+m_5+m_6+m_7$

可见，用八选一的数据选择器可以用来实现任何一个三变量的组合电路。

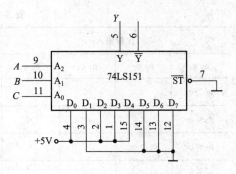

图 3-15　例 3-4 图

【例 3-4】 用 74LS151 实现逻辑函数 $Y=\overline{B}C+\overline{A}B$。

解　令 $A=A_2$，$B=A_1$，$C=A_0$

先将 Y 写成最小项之和的形式

$$Y=\overline{A}\,\overline{B}C+A\,\overline{B}\,\overline{C}+\overline{A}B\,\overline{C}+\overline{A}BC=m_0+m_2+m_3$$
$$+m_4$$

令　74LS151 的 $\overline{ST}=0$，$D_0=D_2=D_3=D_4=1$，

$D_1=D_5=D_6=D_7=0$

即可达到给定的逻辑函数，电路如图 3-15 所示。

四、多路模拟开关

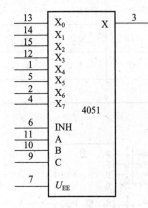

图 3-16　4051 的符号

74LS151 多路数据选择器，只能从多路数字量中选择一路作为输出，是单向的。在实际应用中，经常需要双向传输模拟信号，并同时实现分配和选择功能，4051 是一个 8 路模拟开关，能实现上述功能。

4051 的符号如图 3-16 所示，电源（U_{DD}）引线端子是 16 端，地（GND）是 8 端，作为隐含引线端子，图中未标出。

功能表见表 3-10，INH 是禁止输入端，高电平有效，即 $INH=1$ 时，4051 不工作，X 为模拟信号的公共端，$X_0 \sim X_7$ 为独立的路模拟端，U_{EE} 为负电源，一般绝对值等于电源（U_{DD}）电压，这样即可以对 $-U_{DD} \sim +U_{DD}$ 的模拟信号进行切换，A、B、C 为控制端，即地址输入端。表中最后一列"开关"表示相应的独立模拟端和模拟信号的公共端是接通的。

表 3-10　4051 的功能表

INH	C B A	开关	INH	C B A	开关
0	0 0 0	X_0	0	1 0 1	X_5
0	0 0 1	X_1	0	1 1 0	X_6
0	0 1 0	X_2	0	1 1 1	X_7
0	0 1 1	X_3	1	× × ×	均断开
0	1 0 0	X_4			

五、数值比较器

四位大小比较器 74LS85 的符号如图 3-17 所示，功能表如表 3-11。它有两组输入。

① 参加比较的两个数：$P=p_3\,p_2\,p_1\,p_0$　$Q=q_3\,q_2\,q_1\,q_0$

② 用于级联输入端：$P>Q$，$P<Q$，$P=Q$，由功能表可知：这一组输入的级别比 $p_3 p_2 p_1 p_0$，$q_3 q_2 q_1 q_0$ 低，所以应接到低四位的比较器相应的输出端，如图 3-18 所示。

表 3-11　74LS85 的功能表

比较输入				级联输入（来自低位）			输　出		
$p_3 q_3$	$p_2 q_2$	$p_1 q_1$	$p_0 q_0$	$p>q$	$p<q$	$p=q$	$P>Q$	$P<Q$	$P=Q$
$p_3>q_3$	×	×	×	×	×	×	1	0	0
$p_3<q_3$	×	×	×	×	×	×	0	1	0
$p_3=q_3$	$p_2>q_2$	×	×	×	×	×	1	0	0
$p_3=q_3$	$p_2<q_2$	×	×	×	×	×	0	1	0
$p_3=q_3$	$p_2=q_2$	$p_1>q_1$	×	×	×	×	1	0	0
$p_3=q_3$	$p_2=q_2$	$p_1<q_1$	×	×	×	×	0	1	0
$p_3=q_3$	$p_2=q_2$	$p_1=q_1$	$p_0>q_0$	×	×	×	1	0	0
$p_3=q_3$	$p_2=q_2$	$p_1=q_1$	$p_0<q_0$	×	×	×	0	1	0
$p_3=q_3$	$p_2=q_2$	$p_1=q_1$	$p_0=q_0$	1	0	0	1	0	0
$p_3=q_3$	$p_2=q_2$	$p_1=q_1$	$p_0=q_0$	0	1	0	0	1	0
$p_3=q_3$	$p_2=q_2$	$p_1=q_1$	$p_0=q_0$	0	0	1	0	0	1

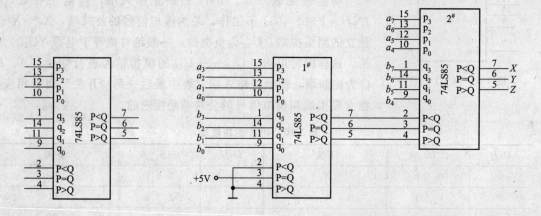

图 3-17　74LS85 的符号　　　　　图 3-18　用两片 74LS85 构成的 8 位二进制数的比较器

用两片 74LS85 构成的 8 位比较器如图 3-18，比较两个 8 位二进制数 A 和 B。

$$A=a_7 a_6 a_5 a_4 a_3 a_2 a_1 a_0，a_7 \text{ 为最高位，} a_0 \text{ 为最低位。}$$

$$B=b_7 b_6 b_5 b_4 b_3 b_2 b_1 b_0，b_7 \text{ 为最高位，} b_0 \text{ 为最低位。}$$

$2^\#$ 片比较高 4 位，$1^\#$ 片比较低 4 位，低 4 位比较结果（三个输出）送到高 4 位相应的级联输入端，而低 4 位比较器的级联输入端的接法是：$P>Q$ 和 $P<Q$ 接地，$P=Q$ 接高电平（5V），因为低 4 位的比较结果就取决该 4 位本身。

第三节　组合电路中的竞争与冒险

一、竞争-冒险现象及其原因

在图 3-19 电路中，假设 $A = B$，则电路的稳态输出：$Y = \overline{A}B = 0$，但实际上 $\overline{A}$ 滞后于输入 A，结果使得与门的输出 Y 就出现了"毛刺"，这里没有考虑与门的延迟时间，如果考虑的话，输出 Y 还是会有毛刺的，只不过是再滞后一点。由于到达与门的信号途径不同，信号有先后之别——"竞争"，可能出现不应有的毛刺——"冒险"，这种现象叫做竞争-冒险。

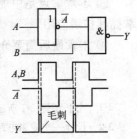

图 3-19　竞争-冒险

假如这个电路的后级（即负载）是一个简单的显示电路，由于毛刺很窄（维持时间极短，只有几十纳秒）不会影响显示效果。但后级是一个对毛刺敏感的电路（如下一章要讲的触发器），就有可能导致误动作，破坏逻辑关系。对此在设计中应采取措施加以避免。

二、消除竞争-冒险的方法

（一）接入滤波电容

由于毛刺很窄，所以只要在输出端并联一个容量很小（几十到几百皮法）的电容，如图 3-20 所示，就足以把很窄的毛刺滤掉。

这种方法简单易行，但会由于电容的充放电过程，而使得输出波形的边沿变差。

（二）引入选通脉冲

在前级信号没有准备好以前（竞争过程中）封锁电路的输出级，等信号都准备好（稳态）以后，再加一个选通信号，如图 3-21(a) 中的选通信号 p，但这时只有当选通信号有效（$p = 1$）时，输出才是有效的。其电压波形如图 3-21(b) 所示。

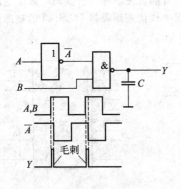

图 3-20　用电容滤波消除毛刺

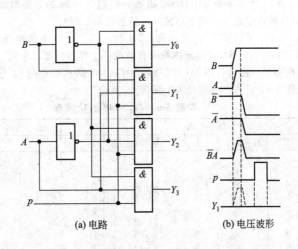

(a) 电路　　　　(b) 电压波形

图 3-21　用选通脉冲消除竞争-冒险

本 章 小 结

① 组合逻辑电路的特点：任何时刻的输出仅仅取决于该时刻的输入，与电路原来的状态无关，即组合逻辑电路无记忆。

② 本章详细介绍了组合逻辑电路的分析、设计方法的一般步骤。

③ 本章重点是中规模集成电路的应用，注重培养理解各种中规模集成电路的功能表，掌握其扩展应用。

④ 本章最后简要介绍了组合逻辑电路中的竞争-冒险及简单的消除办法。

习　　题

3-1　分析图题 3-1 所示逻辑电路的逻辑功能。

3-2　设计一个逻辑电路，满足图题 3-2 框图，A、B 为输入；X、Y 为输出；C 为控制端。

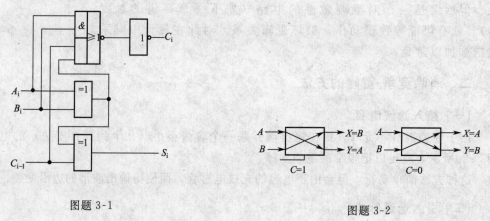

图题 3-1　　　　　　　　　　　　　　　　　图题 3-2

3-3　用与非门设计一个四变量表决电路。当变量 A、B、C、D 有 3 个或 3 个以上为 1 时，输出为 $Y=1$，输入为其他状态时输出 $Y=0$。

3-4　将 74LS138 扩展为 6 线-64 线译码器（用一片 74LS138 作为片选，可能比较方便）。

3-5　74LS48 在 $\overline{BI}/\overline{RBO}$ 输入一周期 $T=2s$ 的方波时，显示效果如何？在 $\overline{BI}/\overline{RBO}$ 输入一频率高于 25Hz 的占空比可调的矩形波时，显示效果如何？

3-6　某医院有 7 间病房：1、2、…、7，1 号病房是最重的病员，2、3、…、7 依次减轻，试用 74LS148、74LS48、半导体数码管组成一个呼叫、显示电路，要求：有病员按下呼叫开关时，显示电路显示病房号（提示：用 74LS148 $\overline{Y}_{EX}$ 作 74LS48 的灭灯信号）。已知 8 线-3 线优先编码器 74LS148 的功能表如表题 3-6，符号图如图题 3-6 所示。

表题 3-6　74LS148 的功能表

输　入									输　出				
$\overline{S}$	$\overline{I}_0$	$\overline{I}_1$	$\overline{I}_2$	$\overline{I}_3$	$\overline{I}_4$	$\overline{I}_5$	$\overline{I}_6$	$\overline{I}_7$	$\overline{Y}_2$	$\overline{Y}_1$	$\overline{Y}_0$	$\overline{Y}_S$	$\overline{Y}_{EX}$
1	×	×	×	×	×	×	×	×	1	1	1	1	1
0	1	1	1	1	1	1	1	1	1	1	1	0	1
0	×	×	×	×	×	×	×	0	0	0	0	1	0
0	×	×	×	×	×	×	0	1	0	0	1	1	0
0	×	×	×	×	×	0	1	1	0	1	0	1	0
0	×	×	×	×	0	1	1	1	0	1	1	1	0
0	×	×	×	0	1	1	1	1	1	0	0	1	0
0	×	×	0	1	1	1	1	1	1	0	1	1	0
0	×	0	1	1	1	1	1	1	1	1	0	1	0
0	0	1	1	1	1	1	1	1	1	1	1	1	0

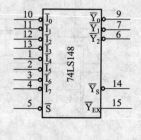

图题 3-6

3-7 试用 74LS138 实现下列逻辑函数（允许附加门电路）：

$$Y_1 = A\overline{C}$$

$$Y_2 = AB\overline{C} + \overline{A}C$$

3-8 试用 74LS151 实现逻辑函数：

$$Y = A + BC$$

3-9 分析图题 3-9 所示逻辑电路的逻辑功能。输入 $A = a_3 a_2 a_1 a_0$，$B = b_3 b_2 b_1 b_0$，$C = c_3 c_2 c_1 c_0$ 是三个四位二进制数，$E = e_3 e_2 e_1 e_0$ 是四位二进制数输出。分析时不必确定输入的二进制数，只假设 A、B、C 的大小进行分析。74LS147 是四个二选一数据选择器，$\overline{G}$ 是使能端，低电平有效，$\overline{A}/B$ 是数据选择控制端，$\overline{A}/B = 0$，$Y = A$；$\overline{A}/B = 1$，$Y = B$。

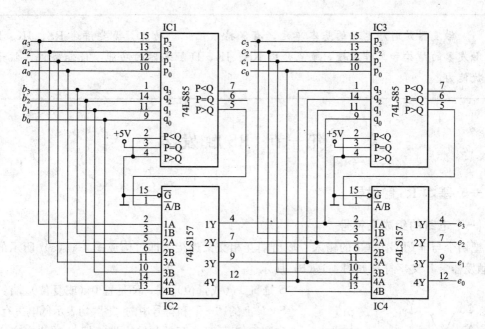

图题 3-9

第四章

触 发 器

触发器是时序电路的基本单元，有保持（记忆）功能。简要讲述 RS、JK、D 触发器的结构和工作原理，重点介绍 RS、JK、D 触发器的功能、使能条件、抗干扰能力。

第一节　RS 触 发 器

一、基本 RS 触发器

（一）电路的组成及符号

把两个与非门 G_1、G_2 的输入、输出端互相交叉连接，即可构成图 4-1（a）所示的基本 RS 触发器。其文字符号如图 4-1（b）所示。

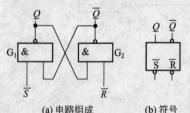

(a) 电路组成　　(b) 符号

图 4-1　基本 RS 触发器

$\overline{S}$ 是置 1（或置位）端；$\overline{R}$ 是置 0（或复位）端。

S、R 上的"－"和符号中的"○"均表示低电平有效。

Q 和 $\overline{Q}$ 表示两个互补的输出端，把 Q 的状态定义为触发器的状态，即 $Q=1$（$\overline{Q}=0$）——触发器置 1 或 1 态，$Q=0$（$\overline{Q}=1$）——触发器置 0 或 0 态。

（二）逻辑功能分析

1. 保持功能

当 $\overline{R}=1$，$\overline{S}=1$ 时，输入信号均无效，触发器的状态将保持不变，这体现了触发器具有记忆功能。

2. 置 0 功能

当 $\overline{R}=0$，$\overline{S}=1$ 时，置 0 信号有效，置 1 信号无效，则 $Q=0$，$\overline{Q}=1$，触发器置 0。

3. 置 1 功能

当 $\overline{R}=1$，$\overline{S}=0$ 时，置 1 信号有效，置 0 信号无效，则 $Q=1$，$\overline{Q}=0$，触发器置 1。

4. 禁止 $\overline{R}=\overline{S}=0$

当 $\overline{R}=\overline{S}=0$ 时，置 1、置 0 信号均有效，则 $Q=\overline{Q}=1$，造成逻辑混乱，输入信号存在着约束。假如当两个输入端的信号同时由 0 变 1，由于两个与非门的延迟时间不可能相等，延迟时间小的与非门的输出端将先完成由 1 变 0，而另一个与非门的输出端将维持为 1，这样就不能确定触发器是 1 态还是 0 态，是一种不确定状态。因此必须禁止这种情况的发生。

（三）功能描述

如果用 Q^n 表示现态——触发信号作用之前的状态，Q^{n+1} 表示次态——触发信号作用之后的状态，由于触发器有记忆，所以 Q^{n+1} 与 Q^n 有关，就逻辑关系来看，Q^n 与 $\overline{S}$、$\overline{R}$ 一样都是 Q^{n+1} 的输入变量。

1. 特性表

根据上面的功能分析，可得到表 4-1，表(b) 是表(a) 的简化形式。

表 4-1 基本 RS 触发器特性表

表（a）

$\overline{S}$	$\overline{R}$	Q^n	Q^{n+1}	功能
0	0	0	×	禁止
0	0	1	×	
0	1	0	1	置1
0	1	1	1	
1	0	0	0	置0
1	0	1	0	
1	1	0	0	保持
1	1	1	1	

表（b）

$\overline{S}$	$\overline{R}$	Q^{n+1}	功能
0	0	×	禁止
0	1	1	置1
1	0	0	置0
1	1	Q^n	保持

2. 特性方程

根据特性表填写卡诺图见图 4-2，利用卡诺图化简得到特性方程。

$$\begin{cases} Q^{n+1}=S+\overline{R}Q^n \\ \overline{S}+\overline{R}=1 \end{cases}$$

其中约束条件是：$\overline{S}+\overline{R}=1$，也可以由摩根定理写成：$SR=0$，也就是说，置1端和置0端不能同时有效（即不能同时为0）。

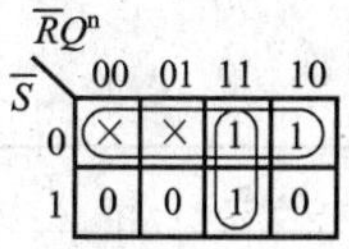

3. 时序图

若已知输入信号 $\overline{S}$ 和 $\overline{R}$ 的波形，并假设触发器的初始状态为0，便可根据其逻辑功能画出相应的 Q、$\overline{Q}$ 端的波形，如图 4-3 所示。

图 4-2 基本 RS 触发器 的卡诺图

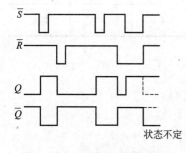

状态不定

图 4-3 基本 RS 触 发器的时序图

（四）基本 RS 触发器的特点

①具有直接置0、置1、保持功能。

②触发信号低电平有效。

③是构成其他触发器的基本单元。

④输入信号有约束。

基本 RS 触发器也可以由**或非门**构成，触发信号高电平有效。

二、同步 RS 触发器

基本 RS 触发器状态的改变，是直接受输入信号控制的，抗干扰能力差，同步 RS 触发器引入同步信号，使触发器只有在同步信号到达时接受输入信号，一定程度上提高了抗干扰能力。通常把这个同步信号称为时钟脉冲（Clock Pulse

缩写为 CP），简称时钟，故同步 RS 触发器也称为时钟 RS 触发器。引入同步信号后，触发器与使用同一时钟的其他电路同步工作。

（一）组成及符号

在基本 RS 触发器的基础上，增加两个与非门 G_3、G_4 作为控制门构成了图 4-4（a）所示的同步 RS 触发器。CP 为时钟脉冲，S 为置 1 端，R 为置 0 端，高电平有效。其文字符号如图 4-4（b）所示，$C1$ 是时钟 CP。

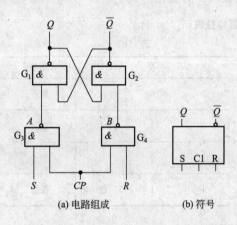

（a）电路组成　　　（b）符号

图 4-4　同步 RS 触发器

（二）功能分析

当 $CP=0$ 时 G_3、G_4 门截止（关闭），$A=B=1$，相当于基本 RS 触发器的 $\overline{S}=\overline{R}=1$，所以触发器保持原态。

当 $CP=1$ 时 G_3、G_4 门打开，$A=\overline{S}$，$B=\overline{R}$，触发器接受输入信号，触发器使能。

$S=R=0$，触发器状态保持

$S=1$，$R=0$，触发器置 1

$S=0$，$R=1$，触发器置 0

不允许 $S=R=1$

（三）功能描述

1. 特性表

根据上面的功能分析，可得到如表 4-2 所示的特性表，表（b）是表（a）的简化形式。

表 4-2　同步 RS 触发器特性表

表（a）

S	R	Q^n	Q^{n+1}	功能
0	0	0	0	保持
0	0	1	1	
0	1	0	0	置0
0	1	1	0	
1	0	0	1	置1
1	0	1	1	
1	1	0	×	禁止
1	1	1	×	

表（b）

S	R	Q^{n+1}	功能
0	0	Q^n	保持
0	1	0	置0
1	0	1	置1
1	1	×	禁止

2. 特性方程

根据特性表填写卡诺图并化简得到特性方程：

$$Q^{n+1}=S+\overline{R}Q^n \qquad (CP=1)$$

$$SR=0 \qquad 约束条件（CP=1）$$

特性方程、约束条件与基本 RS 触发器相同，只有当 $CP=1$ 时，特性方程才成立，即 S、R 才起作用，所以称 S，R 为同步输入端。也只有当 $CP=1$ 时才有必要对输入进行约束。

3. 时序图

若已知输入信号 R 和 S 的波形变化，并假设触发器的初始状态为 0，便可根据其逻辑功能画出相应的 Q、$\overline{Q}$ 端的波形，如图 4-5 所示。

在图 4-5 中，第 1、2、3 个 CP 脉冲，触发器分别执行的是保持、置 1、置 0 功能，在第 4 个 CP 脉冲（$CP=1$）期间，$R=S=1$，不满足约束条件，造成逻辑混乱（$Q=\overline{Q}$），而在 CP 下降沿到来时，若仍有 $R=S=1$，其输出状态不定。

（四）同步 RS 触发器的特点

① 使能条件是：$CP=1$，即只有 $CP=1$ 时，才有置 0、置 1、保持功能。
② $CP=0$ 期间，S、R 不起作用，适当缩短 $CP=1$ 的时间，可以进一步提高抗干扰能力。
③ $CP=1$ 期间输入信号仍有约束。

三、主从 RS 触发器

主从 RS 触发器由两个同步 RS 触发器和一个反相器组成，如图 4-6 所示。

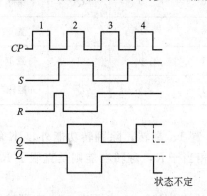

图 4-5　基本 RS 触发器的时序图

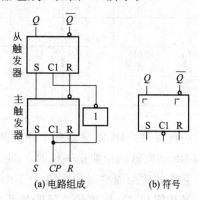

图 4-6　主从 RS 触发器

$CP=1$ 期间主触发器工作，接收触发信号，从触发器保持；$CP=0$ 期间从触发器工作，但主触发器保持，所以从触发器的使能条件是 CP 的下降沿。概括说来：主从 RS 触发器是在 $CP=1$ 期间接收信息到主触发器，而在 CP 下降沿将主触发器的信息送到从触发器，其功能还是置 1、置 0 和保持。从根本上克服了直接触发，进一步提高了抗干扰能力，但仍要求 $CP=1$ 期间，$RS=0$。

综上所述，只要是 RS 触发器，其功能都是一样的，只是使能条件不同。

第二节　JK 触 发 器

由于 RS 触发器存在约束，R、S 有 4 种状态组合，触发器只有 3 个功能，因而限制它的使用范围，JK 触发器克服了 RS 触发器的这一缺陷。

一、主从 JK 触发器

（一）主从 JK 触发器的基本原理

主从 JK 触发器可由主从 RS 触发器加以改进，如图 4-7（a）所示，图 4-7（b）是它的符号，$C1$ 是时钟 CP，其中："$\wedge$" 表示下降沿有效。

由图可知：$S=\overline{JQ^n}$，$R=\overline{KQ^n}$，由 RS 触发器的特性方程可求得：

$$Q^{n+1}=S+\overline{R}Q^n=\overline{JQ^n}+\overline{KQ^n}Q^n$$

整理上式便求得 JK 触发器的特性方程：

$$Q^{n+1} = JQ^n + \overline{K}Q^n \qquad (CP \text{ 下降沿有效})$$

（二）主从 JK 触发器的逻辑功能

1. 特性表

根据 JK 触发器的特性方程，可以计算得到表 4-3 所示的特性表，表 4-3（b）是表 4-3（a）的简化形式。

表 4-3　主从 JK 触发器特性表

表（a）

J	K	Q^n	Q^{n+1}	功能
0	0	0	0	保持
0	0	1	1	
0	1	0	0	置0
0	1	1	0	
1	0	0	1	置1
1	0	1	1	
1	1	0	1	翻转
1	1	1	0	

表（b）

J	K	Q^{n+1}	功能
0	0	Q^n	保持
0	1	0	置0
1	0	1	置1
1	1	$\overline{Q^n}$	翻转

由此可见，JK 触发器有 4 种功能：保持、置 0、置 1、翻转，除翻转功能外，JK 触发器和 RS 触发器的功能是一样的，即 J 相当于 S、K 相当于 R，翻转功能则是克服了 RS 触发器存在的约束而扩展的功能。

其功能和 J、K 信号之间的关系可以用这样的口诀来描述：00 态不变，11 态翻转，其余随 J 变。

2. 时序图

只要是主从触发器，就要求 $CP=1$ 期间，同步输入信号是稳定的，这一点应引起注意。图 4-8 是在已知 CP、J、K 及触发器的初始状态为 0 的情况下，JK 触发器的时序图。

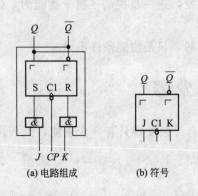

图 4-7　主从 JK 触发器

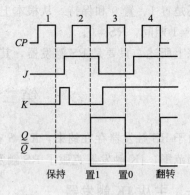

图 4-8　主从 JK 触发器的时序图

在图 4-8 中，第 1、2、3、4 个 CP 脉冲，触发器分别执行的是保持、置 1、置 0、翻转功能。

（三）主从 JK 触发器的特点

① 使能条件是：CP 的下降沿，但要求 $CP=1$ 期间 J、K 是稳定的。

② 功能最齐全，具有保持、置 0、置 1、翻转功能。

③ 抗干扰能力强，适当缩短 $CP=1$ 的时间，可以进一步提高抗干扰能力。

二、边沿 JK 触发器

（一）边沿触发器的基本原理

由于主从 JK 触发器对同步输入端的要求比较苛刻（要求在 $CP=1$ 时，J、K 信号不能变化），在 $CP=1$ 时容易受到干扰，这就限制了它的应用。

图 4-9　边沿 JK 触发器的符号

边沿 JK 触发器则是一种仅在 CP 脉冲的上升沿（或下降沿）的瞬间，触发器才使能，而在 $CP=0$、1 期间以及下降沿（或上升沿）时，同步输入信号对触发器的状态均无影响。边沿 JK 触发器只要求在 CP 脉冲的上升沿（或下降沿）时，J、K 是稳定的，也就是说使能条件越是苛刻，对 J、K 的要求就越宽松，触发器的抗干扰能力就越强。

边沿 JK 触发器的特性方程与主从 JK 触发器相同，符号略有不同，边沿 JK 触发器的符号如图 4-9 所示。

（二）集成边沿 JK 触发器 74LS112

图 4-10 是 74LS112 的逻辑符号，它有两个独立的 JK 触发器，$\overline{S}_d$、$\overline{R}_d$ 分别是置 1 和置 0 端，低电平有效，不受时钟（CLK）的限制，属异步输入端，或分别称为直接（异步）置 1 和直接（异步）置 0 端。使能条件是 CP（即 CLK）的下降沿，又称为负边沿有效。

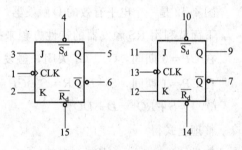

图 4-10　74LS112 的逻辑符号

值得注意的是：$\overline{S}_d$、$\overline{R}_d$ 的优先级别高于同步输入端 J、K，也就是说，只有 $\overline{S}_d=\overline{R}_d=1$（无效）时，$J$、$K$ 才在时钟下降沿的作用下起作用，$\overline{S}_d$、$\overline{R}_d$ 仍有约束，既不能同时有效，更不允许同时从有效变为无效。

（三）JK 触发器的应用

1. 构成 T 触发器

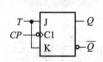

图 4-11　T 触发器

如图 4-11 所示，令 $T=J=K$，即把 J、K 端连接在一起作为 T 端，就构成了 T 触发器。根据 JK 触发器的特性方程可得

$$Q^{n+1}=J\overline{Q^n}+\overline{K}Q^n=T\overline{Q^n}+\overline{T}Q^n$$

即 T 触发器特性方程为

$$Q^{n+1}=T\overline{Q^n}+\overline{T}Q^n$$

表 4-4 是 T 触发器的特性表，表 4-4(b) 是表 4-4(a) 的简化画法。

表 4-4　T 触发器的特性表

表 (a)					表 (b)		
T	Q^n	Q^{n+1}	功能		T	Q^{n+1}	功能
0	0	0	保持		0	Q^n	保持
0	1	1					
1	0	1	翻转		1	$\overline{Q^n}$	翻转
1	1	0					

T 触发器只有保持和翻转两个功能。

2. 构成 T′触发器

令 T 触发器的 $T=1$，就构成了 T′触发器，它只有翻转功能。其特性方程是

$$Q^{n+1}=\overline{Q^n}$$

T 触发器和 T′触发器只是一种逻辑功能上的分类，并没有商用产品，因而也没有独立的符号，其使能条件与相应的 JK 触发器一样。

第三节　D 触 发 器

一、电平有效的 D 触发器

所谓电平有效，是指在时钟 $CP=1$ 或 $CP=0$ 期间，触发器使能。如第一节讲的同步 RS 触发器就是在 $CP=1$ 期间使能的。

图 4-12 是一个电平有效的 D 触发器，它是在同步 RS 触发器（图 4-4）的基础上改进的。下面就利用 RS 触发器的特性方程来推导 D 触发器的特性方程。

在 $CP=0$ 期间，G_3、G_4 关闭，触发器保持。

在 $CP=1$ 期间，$S=D$，$R=\overline{S\cdot CP}=\overline{S}=\overline{D}$

$Q^{n+1}=S+\overline{R}Q^n=D+DQ^n$

整理上式得

$Q^{n+1}=D$　　　　（$CP=1$ 有效）

图 4-13 是在已知 CP、D 及触发器的初始状态为 0 的情况下，D 触发器的时序图。

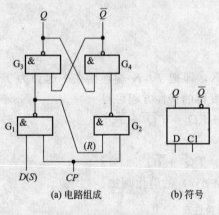

(a) 电路组成　　　　(b) 符号

图 4-12　电平有效的
D 触发器

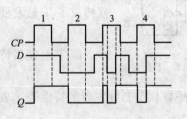

图 4-13　透明 D 触发器
的时序图

在第 1、2 个 CP 脉冲（$CP=1$）期间 D 没有变化，分别执行置 1 和置 0 功能。而在第 3、4 个 CP 脉冲（$CP=1$）期间 D 发生了变化，输出 Q 也跟着输入 D 变化，可以说在 $CP=1$ 期间"从输出看到了输入"这种现象成为"透明"，所以常把电平有效的 D 触发器称

为"透明"D触发器。

二、边沿 D 触发器

由边沿 JK 触发器构成 D 触发器如图 4-14 所示。

令 $J=D$，$K=\bar{J}=\bar{D}$

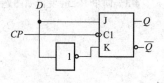

由 JK 触发器的特性方程可得：

$$Q^{n+1}=J\,\overline{Q^n}+\bar{K}Q^n=D\,\overline{Q^n}+\overline{\bar{D}}Q^n=D\,\overline{Q^n}+DQ^n=D$$

即：$Q^{n+1}=D$　　　（CP 下降后生效）

图 4-14　边沿 D 触发器

以上是为了引出边沿 D 触发器的概念，实际的 D 触发器大部分是上升沿有效的。其符号如图 4-15 所示。

图 4-16 是在已知 CP、D 及触发器的初始状态为 0 的情况下，D 触发器的时序图。

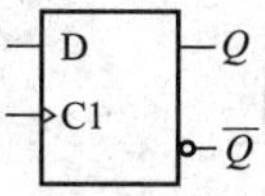

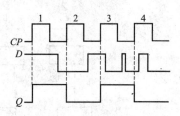

图 4-15　上升沿有
效的 D 触发器

图 4-16　D 触发器的时序图

上升沿有效的 D 触发器仅在 CP 脉冲的上升沿的瞬间，触发器才使能，而在 $CP=0$、1 期间以及下降沿时，D 对触发器的状态均无影响。

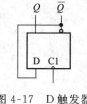

三、D 触发器构成 T' 触发器

由 D 触发器构成 T' 触发器如图 4-17 所示。

因为　　$D=\overline{Q^n}$

所以　　$Q^{n+1}=D=\overline{Q^n}$

即　　$Q^{n+1}=\overline{Q^n}$

图 4-17　D 触发器
构成 T' 触发器

这正是 T' 触发器的特性方程。

本 章 小 结

① 触发器是构成时序逻辑电路的基本单元。

② 按触发器的功能分类：RS、JK、D、T 和 T' 触发器。注意：T 和 T' 触发器均由 JK 和 D 触发器转换而成。

③ 按触发器的结构分类：基本 RS 触发器、同步 RS 触发器、主从触发器和边沿触发器。

④ 按触发器的使能条件分类：电平有效和边沿有效（基本 RS 触发器除外）。

习　　题

4-1 RS 触发器有哪几种功能？写出特征方程和特性表。

4-2 基本 RS 触发器如图题 4-2 所示，试画出 Q 对应于 $\overline{R}$ 和 $\overline{S}$ 的波形（设 Q 的初态为 0）。

4-3 同步 RS 触发器如图题 4-3 所示，试画出 Q 对应于 R 和 S 的波形（设 Q 的初态为 0）。

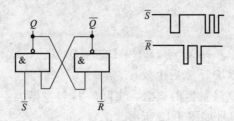

图题 4-2

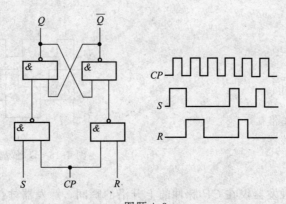

图题 4-3

4-4 已知下降沿有效的 JK 触发器 CP、J、K 及异步置 1 端 $\overline{S_d}$、异步置 0 端 $\overline{R_d}$ 的波形如图题 4-4 所示，试画出 Q 的波形（设 Q 的初态为 0）。

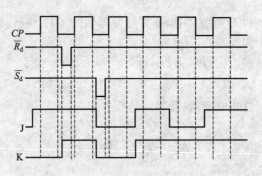

图题 4-4

4-5 主从触发器对同步输入信号有什么要求？

4-6 提高触发器抗干扰能力的主要措施是什么？

4-7 JK 触发器有哪几种功能？写出特征方程和特性表。

4-8 D 触发器有哪几种功能？写出特征方程和特性表。

图题 4-9

4-9 已知 CP、D 的波形如图题 4-9，试画出高电平有效和上升沿有效 D 触发器 Q 的波形（设 Q 的初态为 0）。

4-10　设图题 4-10 中的触发器的初态均为 0，试画出 Q 端的波形。

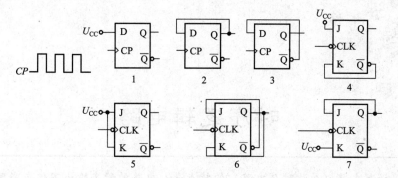

图题 4-10

4-11　设图题 4-11 中触发器的初态均为 0，试画出对应于 A、B 的 X、Y 的波形。

4-12　电路如图题 4-12 所示，S 为常开按钮，C 是用来防抖动的，试分析当点击 S 时，发光二极管 LED 的发光情况。

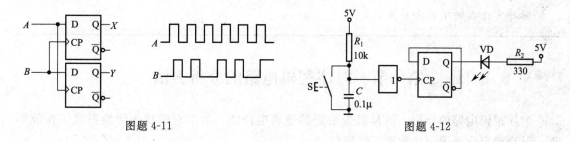

图题 4-11　　　　　　　　　　　　　　图题 4-12

第五章

时序逻辑电路

时序逻辑电路（简称时序电路）的特点是：电路的稳态输出不仅与当时的输入有关，还与电路以前的状态有关。第四章讨论的触发器就是最简单的时序逻辑电路，所以时序逻辑电路中必包含有触发器。

常见的时序逻辑电路有：计数器、寄存器、顺序脉冲发生器等。本章系统地介绍时序电路的分析方法和设计方法，重点介绍典型的中规模计数器、寄存器、顺序脉冲发生器的功能和应用。

第一节　时序逻辑电路的分析方法

时序逻辑电路的分析，就是根据给定的逻辑电路图，求出它的状态转换图或工作波形图，从而确定它的逻辑功能和工作特点。

时序逻辑电路按照构成时序电路的所有触发器是否在同一时钟脉冲 CP 作用下工作分为同步时序逻辑电路和异步时序逻辑电路。下面通过举例分别介绍这两种电路的分析方法，并从中总结时序电路的分析步骤。

一、同步时序逻辑电路的分析方法

时序逻辑电路的逻辑功能分析如下。

【例 5-1】　分析图 5-1(a) 所示时序电路的逻辑功能。

解　时钟脉冲 CP 接到每个触发器的时钟脉冲端，因此各个触发器的状态是在同一个 CP 作用下同时使能的，它是同步时序电路。分析过程可按下列步骤进行。

1. 写出驱动方程

即写出各触发器的输入逻辑表达式。

$$J_0 = K_0 = 1$$
$$J_1 = K_1 = Q_0^n$$
$$J_2 = K_2 = Q_1^n Q_0^n$$

2. 求状态方程

将各驱动方程代入触发器的特性方程 $Q^{n+1} = J\overline{Q^n} + \overline{K}Q^n$，得到各个触发器的状态方程：

$$Q_0^{n+1} = J_0\overline{Q_0^n} + \overline{K_0}Q_0^n = \overline{Q_0^n}$$
$$Q_1^{n+1} = J_1\overline{Q_1^n} + \overline{K_1}Q_1^n = \overline{Q_1^n}Q_0^n + Q_1^n\overline{Q_0^n}$$

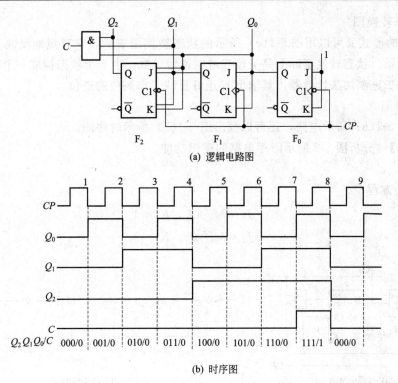

(a) 逻辑电路图

(b) 时序图

(c) 状态转换图

图 5-1 ［例 5-1］的逻辑电路图

$$Q_2^{n+1} = J_2\,\overline{Q_2^n} + \overline{K_2}Q_2^n = \overline{Q_2^n}Q_1^nQ_0^n + Q_2^n\,\overline{Q_1^nQ_0^n}$$

3. 写出电路的输出方程

C 为该电路的输出：$C = Q_2^nQ_1^nQ_0^n$

4. 求状态转换表

设定初态，代入状态方程，计算次态和输出，列出电路的状态转换表。

设初态 $Q_2^nQ_1^nQ_0^n = 000$，则次态 $Q_2^{n+1}Q_2^{n+1}Q_0^{n+1} = 001$，$C = 0$；再将 001 设为初态，求次态及输出，依此进行，可计算列出如表 5-1 所示的状态转换表。

表 5-1 状态转换表

CP 序数	Q_2^n	Q_1^n	Q_0^n	Q_2^{n+1}	Q_1^{n+1}	Q_0^{n+1}	C
0	0	0	0	0	0	1	0
1	0	0	1	0	1	0	0
2	0	1	0	0	1	1	0
3	0	1	1	1	0	0	0
4	1	0	0	1	0	1	0
5	1	0	1	1	1	0	0
6	1	1	0	1	1	1	0
7	1	1	1	0	0	0	1

5. 状态转换图

表 5-1 的形式又可以用图 5-1(c) 所示的状态转换图表示，它直观地反映了电路状态依次转换的结果。状态转换实际上是三位二进制递增计数，由 8 个状态构成一个循环。该电路是一个三位二进制加法计数器，其输出 C 正好反映了向高位的进位。

6. 时序图

对于图 5-1(a) 所示电路，还可以画出图 5-1(b) 所示时序图。

【例 5-2】 分析图 5-2 所示时序电路的逻辑功能。

解

1. 驱动方程

$$J_0 = M \oplus \overline{Q_1^n}, \quad K_0 = 1$$

$$J_1 = M \oplus Q_0^n, \quad K_1 = 1$$

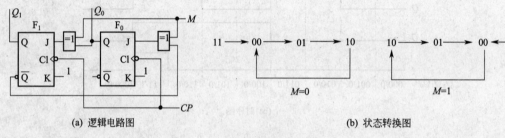

(a) 逻辑电路图　　　　　　　　　　　　　　(b) 状态转换图

图 5-2　[例 5-2] 图

2. 状态方程

$$Q_0^{n+1} = (M \oplus \overline{Q_1^n}) \ \overline{Q_0^n}$$

$$Q_1^{n+1} = (M \oplus Q_0^n) \ \overline{Q_1^n}$$

或　　　　　　　　$M=0$ 时：$Q_1^{n+1} = Q_0^n \ \overline{Q_1^n}$，$Q_0^{n+1} = \overline{Q_1^n Q_0^n}$

　　　　　　　　　$M=1$ 时：$Q_1^{n+1} = \overline{Q_0^n Q_1^n}$，$Q_0^{n+1} = Q_1^n \ \overline{Q_0^n}$

3. 状态转换表

分别讨论：$M=0$、$M=1$ 时的状态转换情况，其状态转换如表 5-2 所示。

表 5-2　状态转换表

M	Q_1^n	Q_0^n	Q_1^{n+1}	Q_0^{n+1}
0	0	0	0	1
0	0	1	1	0
0	1	0	0	0
0	1	1	0	0
1	1	1	0	0
1	1	0	0	1
1	0	1	0	0
1	0	0	1	0

4. 状态转换图

状态转换如图 5-2(b) 所示，电路由三种状态 00、01、10 构成循环，是一个三进制计数器。当 $M=0$，进行的是加法计数，当 $M=1$，进行的是减法计数，该电路也称为三进制可逆计数器。在正常计数时不会出现 11，称 11 为无效状态，构成循环的 00、01、10 称为有效状态，若由于某种原因出现了 11，这个电路能在 CP 作用下返回到计数状态中来，称这种电路能够自启动。

分析步骤

通过以上两例的分析，可以归纳出以下同步时序电路的一般分析步骤。

① 根据给定逻辑电路写出驱动方程和输出方程。

② 将驱动方程代入相应触发器的特性方程，求状态方程（次态方程）。

③ 设定初态，代入状态方程和输出方程进行计算，填写状态转换表、画出状态转换图及时序图。

④ 根据状态转换表、状态转换图或时序图归纳得出电路的逻辑功能。

二、异步时序逻辑电路的分析方法

在异步时序电路中，触发器使用的时钟是不同的，写时钟方程就显得非常重要，同时还要注意时钟的有效沿（上升沿或下降沿）。因此，异步时序电路的分析比同步时序电路稍微复杂一些。现举例介绍如下。

【例 5-3】 试分析图 5-3 所示时序电路的逻辑功能。

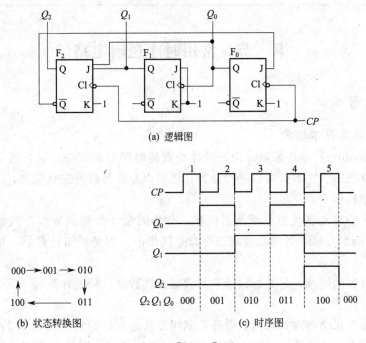

(a) 逻辑图

(b) 状态转换图

(c) 时序图

图 5-3　[例 5-3] 图

解　写时钟方程：$CP_0 = CP_2 = CP$，$CP_1 = Q_0$

写出各触发器的驱动方程

$$J_0 = \overline{Q_2^n}, \ K_0 = 1$$

$$J_1 = K_1 = 1$$

$$J_2 = Q_1^n Q_0^n, \ K_2 = 1$$

将驱动方程代入触发器的特性方程，求状态方程

$$Q_0^{n+1} = \overline{Q_2^n Q_0^n} \qquad (CP_0 \downarrow)$$

$$Q_1^n = \overline{Q_1^n} \qquad (CP_1 \downarrow)$$

$$Q_2^n = \overline{Q_2^n} Q_1^n Q_0^n \qquad (CP_2 \downarrow)$$

各状态方程只有在其 CP 下降沿时才有效，否则保持原态。

依次设定初态，代入状态方程，求次态。根据计算结果列状态转换表，其结果如表 5-3

所示。表中把各个触发器的 CP 信号变化列出，以便于区别该触发器的状态有没有必要进行计算。

根据表 5-3 可画出图 5-3(b) 所示的状态转换图和图 5-3(c) 所示的时序图，这个电路由 5 个状态构成循环，且按二进制码递增，所以它是一个异步五进制加法计数器。

表 5-3　[例 5-3] 的状态转换表

CP 序号	Q_2^n	Q_1^n	Q_0^n	Q_2^{n+1}	Q_1^{n+1}	Q_0^{n+1}	有效时钟		
0	0	0	0	0	0	1	CP_2		CP_0
1	0	0	1	0	1	0	CP_2	CP_1	CP_0
2	0	1	0	0	1	1	CP_2		CP_0
3	0	1	1	1	0	0	CP_2	CP_1	CP_0
4	1	0	0	0	0	0	CP_2		CP_0

第二节　常用时序逻辑电路

一、计数器

(一)计数器的基本概念

计数器（Counter）是用来累计输入脉冲个数的时序逻辑部件。它是数字系统中用途最广泛的基本部件之一。它不仅可以进行计数，还可以对时钟脉冲进行分频，对数字系统进行定时、程序控制操作等。

按计数器中的触发器状态更新是否同步，分为同步计数器和异步计数器。若计数脉冲 CP 同时送到所有触发器，各触发器状态更新是同步的，则是同步计数器，否则就是异步计数器。

按计数器计数的增减，分为加法计数器和减法计数器、可逆计数器（既能进行加法又能进行减法）。

根据计数器有几个有效状态构成循环，就叫做几进制计数器。如例 5-2，用了两个触发器，共有 4 个状态，循环圈中只有 3 个状态（00，01，10），即是一个三进制计数器，还有 1 个状态未出现（11），把这 1 个状态称为无效状态，称循环中的状态为有效状态。电路有可能由于其他原因进入无效状态，但若能在时钟脉冲作用下返回到有效状态，则称这种计数器能够自启动，显然人们希望计数器都能自启动。

(二)中规模集成计数器及应用

目前中规模集成计数器品种较多，应用广泛。另外，这些计数器除了计数功能，还有预置数和清零等功能，其功能比较完善，通用性强，便于扩展。

1. 74LS90

(1) 74LS90 的功能　74LS90 是一个异步 2—5—10 进制加法计数器，其符号如图 5-4 所示。

表 5-4 是它的功能表。

$R_{0(1)}$、$R_{0(2)}$：异步（直接）清零端；$S_{9(1)}$、$S_{9(2)}$：异步（直接）置 9 端；Q_D、Q_C、Q_B、Q_A：输出端；CP_1、CP_2：时钟输入端。

表 5-4　74LS90 的功能表

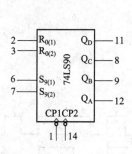

图 5-4　74LS90 的符号

CP	$R_{0(1)}$	$R_{0(2)}$	$S_{9(1)}$	$S_{9(2)}$	Q_D	Q_C	Q_B	Q_A
			输　入				输　出	
$\times$	1	1	0	$\times$	0	0	0	0
	1	1	$\times$	0	0	0	0	0
	0	$\times$	1	1	1	0	0	1
	$\times$	0	1	1	1	0	0	1
$\downarrow$	$\times$	0	$\times$	0				
	$\times$	0	0	$\times$		计数		
	0	$\times$	$\times$	0				
	0	$\times$	0	$\times$				

　　清零功能：当 $S_{9(1)}S_{9(2)}=0$，即置 9 信号无效，$R_{0(1)}R_{0(2)}=1$，即清零信号有效时，计数器清零，即 $Q_DQ_CQ_BQ_A=0000$。

　　置 9 功能：当 $S_{9(1)}S_{9(2)}=1$，即置 9 信号有效，$R_{0(1)}R_{0(2)}=0$，即清零信号无效时，计数器置 9，即 $Q_DQ_CQ_BQ_A=1001$。

　　计数功能：只有当 $S_{9(1)}S_{9(2)}=0$，$R_{0(1)}R_{0(2)}=0$ 时，即清零、置 9 信号均无效时，在 CP（即 CP_1 和 CP_2）下降沿的作用下，计数器才计数。

　　值得注意的是，清零和置 9 信号是有约束的，不得同时有效。

　　74LS90 由两个独立的计数单元组成，CP_1 作时钟，Q_A 作输出，是一个二进制计数器；CP_2 作时钟，Q_D、Q_C、Q_B 作输出，是一个五进制加法计数器，有效状态是：000～100。

　　若将 Q_A 接到 CP_2，CP_1 作时钟，Q_D、Q_C、Q_B、Q_A 作输出，就构成了十进制计数器，因此又将这个电路称为 2—5—10 进制加法计数器，电路如图 5-5 所示，有效状态是：0000～1001，即输出是 8421BCD 码。

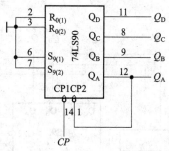

图 5-5　由 74LS90 构成的十进制计数器

　　(2) 74LS90 的应用　74LS90 可以构成 10 进制以下的任意进制（N 进制）计数器。

　　图 5-6（a）是用 74LS90 构成七进制计数器，设计数器的初态为 0000，当计数器计到 $Q_DQ_CQ_BQ_A=0111$ 时，通过反馈产生一个清零信号 R，即：$R_{0(1)}=R_{0(2)}=1$，因为 74LS90 是异步清零的，所以 0111 状态并不能保持，瞬间消失，称其为过渡状态，随即变成 0000，这种方法称为反馈归零法。正常工作时，Q_D 总是为 0，所以实际的有效状态（$Q_CQ_BQ_A$）为 000～110，状态转换图如图 5-6（b）所示，其时序图如图 5-6（d）所示。

　　74LS90 的 Q_D、Q_C、Q_B、Q_A 的清零速度一般是不一致的，假设 Q_C 先回 0，清零信号 R 立即消失，Q_B、Q_A 来不及清零，计数器的状态就变为图 5-6(c) 所示，造成误动作。

　　图 5-7(a) 是图 5-6 的改进电路，其时序图如图 5-7(b)，利用基本 RS 触发器（由 G_3、G_4 组成），可将清零信号加宽（第 7 个 CP 的下降沿开始，第 8 个 CP 的上升沿结束），使计数器能可靠清零。

　　利用两片 74LS90 可以组成 11～99 可变进制的任意进制计数器。图 5-8 是用两片 74LS90 组成的 24 进制计数器。

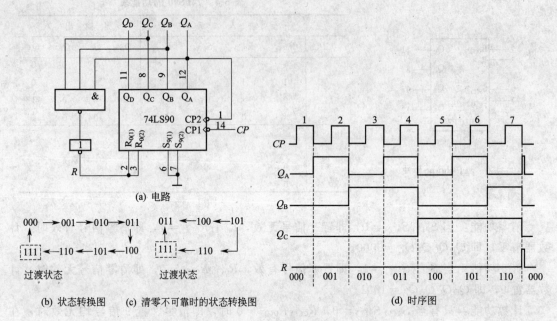

(a) 电路

(b) 状态转换图   (c) 清零不可靠时的状态转换图

(d) 时序图

图 5-6   由 74LS90 构成的七进制计数器

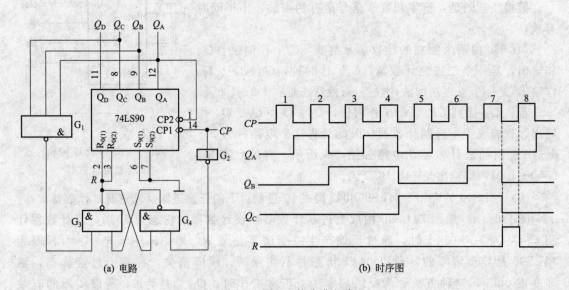

(a) 电路

(b) 时序图

图 5-7   图 5-6 的改进电路

设计数器的初态为 0000 0000，当计数器计到 0010 0100（即十进制的 24）时，通过反馈产生一个清零信号，有效状态为：0000 0000～0010 0011（即十进制的 0～23）。

2. 同步 4 位二进制计数器 74LS163

（1）74LS163 的功能   74LS163 是一个同步 4 位二进制（十六进制）可预置的计数器，其符号如图 5-9 所示，表 5-5 是它的功能表。

Q_D、Q_C、Q_B、Q_A 是计数器的输出端，C 是进位输出端，$\overline{LD}$ 为置数控制输入端，D、C、B、A 为数据输入端，$\overline{R}$ 是同步清零端，CP 是时钟脉冲输入端，P、T 为使能输入。

同步清零功能：$\overline{R}=0$ 时，且在 CP 上升沿的作用下，计数器清零，即 $Q_D Q_C Q_B Q_A =$

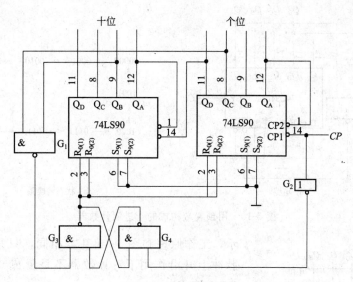

图 5-8　24 进制计数器

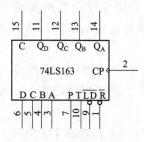

图 5-9　74LS163 的符号

表 5-5　74LS163 的功能表

输　入									输　出			
CP	$\bar{R}$	$\overline{LD}$	P	T	D	C	B	A	Q_D	Q_C	Q_B	Q_A
↑	0	×	×	×	×	×	×	×	0	0	0	0
↑	1	0	×	×	D	C	B	A	D	C	B	A
×	1	1	×	0	×	×	×	×	保持，$C=0$			
×	1	1	0	1	×	×	×	×	保持，C 也保持			
↑	1	1	1	1	×	×	×	×	计数			

0000，这种在 CP 的作用（上升沿或下降沿）下的清零称为同步清零。

预置数功能：当 $\overline{LD}=0$，$\bar{R}=1$，P、T 任意时，在时钟脉冲上升沿作用下，能将数据输入端 $DCBA$ 的数据送到输出端，即 $Q_D Q_C Q_B Q_A = DCBA$。

保持功能：当 $\overline{LD}=1$，$\bar{R}=1$，P、T 中至少有一个为低电平，即 $PT=0$ 时，计数器保持原态，值得注意的是：$T=0$ 时，进位 $C=0$。

计数功能：当 $\overline{LD}=1$，$\bar{R}=1$，$P=T=1$，即 $PT=1$，在 CP 脉冲上升沿作用下，计数器进行四位二进制的加法计数。当 $Q_D Q_C Q_B Q_A = 1111$ 时，进位 $C=1$。

(2) 74LS163 的应用

① 利用预置端构成十进制计数器。如图 5-10（a）所示，Q_D 和 Q_A 通过与非门 G 送到 $\overline{LD}$ 端，$DCBA$ 均接地，图 5-10（b）是它的状态转换图。

设计数器的初态为 0000，当计数器计到 1001 之前，Q_D、Q_A 总会有一个为 0，门 G 输出为 1，即 $\overline{LD}=1$，计数器进行计数，当第 9 个 CP 上升沿后，$Q_D Q_C Q_B Q_A = 1001$，Q_D、Q_A 都为 1，门 G 输出为 0，即 $\overline{LD}=0$，在第 10 个 CP 脉冲上升沿作用下，计数器执行置数功能，计数器预置为 0000。

根据上述方法，可以把 74LS163 利用预置数端复位法构成二～十五进制中的任意进制计数器。

② 采用反馈归零法构成 N 进制计数器。采用反馈归零法构成十进制计数器如图 5-11 所

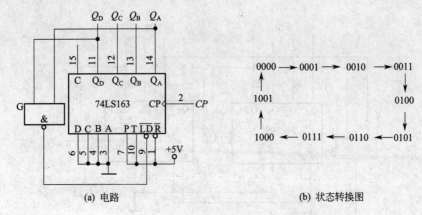

(a) 电路   (b) 状态转换图

图 5-10　用预置端构成的十进制计数器

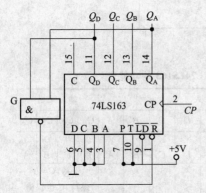

图 5-11　用反馈归零法构成的
十进制计数器

示，工作原理和图 5-10 基本相同，只是在第 10 个 CP 脉冲上升沿作用下，计数器不是置成 0000，而是利用 $\overline{R}=0$ 清零。

74LS90 是异步清零的，利用反馈归零法构成 N 进制计数器时，是利用第 N 个状态反馈归零的，第 N 个状态是一个过渡状态。

74LS163 是同步清零的，利用反馈复位法构成 N 进制计数器时，是利用第 N－1 个状态反馈归零的，没有过渡状态。

3. 同步十进制（8421BCD 码）计数器 74LS160

74LS160 是一个十进制（8421BCD）计数器，其各端功能与 74LS163 相同，与 74LS163 不同的是：异步清零。

图 5-12 是由两片 74LS160 构成的六十进制计数器。由于两片的 $\overline{LD}=1$，所以，数据输入端 D、C、B、A 可以接 1，也可以接 0，图中均接了 1。个位是十进制，十位是六进制，虽然 CP 同时送到了个位和十位，但只有十位计到 1001 时，$C=1$，十位的 $T=1$，在下一个 CP 的上升沿到来时，十位才加 1 计数，个位回到 0000。

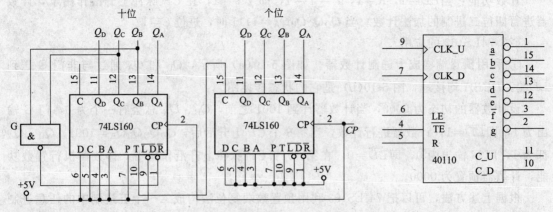

图 5-12　六十进制计数器   图 5-13　40110 的符号

4. 可逆十进制计数器/译码器/驱动电路 40110

40110 是一个 CMOS 可逆十进制计数器/译码器/驱动电路，输出可直接驱动 0.5in 的共阳极 LED，40110 的符号如图 5-13 所示，电源是 16 端，地是 8 端，作为隐含的引线端子，图中未标出。

功能表见表 5-6，有两个时钟输入：加法计数 CLK_U，减法计数 CLK_D；R 为异步清零端，高电平有效。LE 为译码器的锁存信号，高电平有效，即高电平时，将计数器的当前内容锁存，显示不变，但计数器正常工作；低电平时，显示跟随计数器变化。$\overline{TE}$ 为计数器的使能信号，低电平有效，即低电平时，计数器正常工作；高电平时，计数器不工作（禁止），显示不变。当加计数到 9 时进位信号 $C\_U=1$；当减计数到 0 时借位信号 $C\_D=1$。

表 5-6　40110 的功能表

CLK_U	CLK_D	LE	$\overline{TE}$	R	计数器	显示
↑	0、↓、1	0	0	0	加 1	跟踪计数器
0、↓、1	↑	0	0	0	减 1	跟踪计数器
×	×	×	×	1	0	0
×	×	×	1	0	禁止	保持
↑	0、↓、1	1	0	0	加 1	保持
0、↓、1	↑	1	0	0	减 1	保持

40110 的时序图如图 5-14 所示，图中未画出进位信号 C_U 和借位信号 C_D。

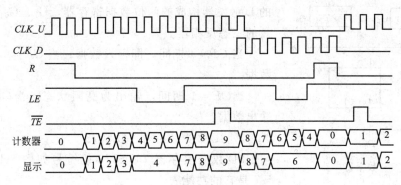

图 5-14　40110 的时序图

（三）用计数器实现定时器

当计数器的时钟频率固定时，计数器工作一个循环所用的时间就是定值——定时器。

74LS163 实现定时器的电路如图 5-15 所示。

设时钟频率为 f_s，其周期为 T_s，先假设"预置"端=0，N 是预置数（0～15），每当计数器计到 15 时，进位 Tout（74LS163 的 TC）=1，则 74LS164 预置一次 N，所以该电路构成一个（16−N）进制的计数器，即每隔（16−N）T_s 就产生一个脉冲，也就是一个定时为（16−N）T_s 定时器，其时序图如图 5-16 所示，图 5-16 中是假设"预置"端=0 的情况，图中未画出。

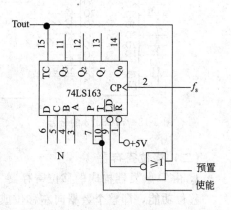

图 5-15　74LS163 实现定时器的电路

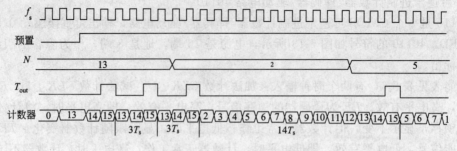

图 5-16　定时器的时序图

如果在"预置"增加一个正脉冲（0→1→0），定时器会立即重置 N。

二、寄存器

寄存器是数字系统中常见的重要部件，它常用来临时存放数据、指令等。

（一）数据寄存器

1. 由 D 触发器构成的寄存器

在数据处理过程中，常常需要把数据临时存放到寄存器（写入数据）或从寄存器取出

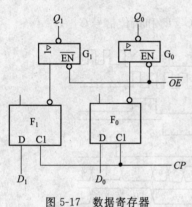

图 5-17　数据寄存器

（读出数据）。这种只有最简单的存（写入）、取（读出）功能的寄存器称为数据寄存器。图 5-17 是由高电平有效的 D 触发器构成的两位数据寄存器，G_1、G_0 为低电平有效的三态反相器。

当 $CP=1$ 期间，即存入数据；当 $CP=0$ 期间，保持数据。

当 $\overline{OE}=1$ 期间，输出为高阻状态；当 $\overline{OE}=0$ 期间，输出数据。

2. 8D 数据锁存器 74LS373

8D 数据锁存器 74LS373 的符号如图 5-18 所示，表 5-7 是它的功能表。

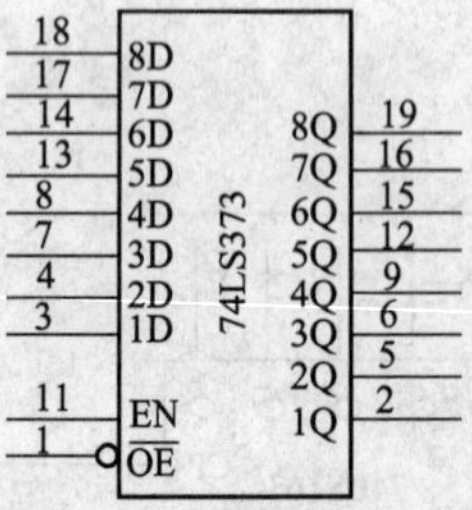

图 5-18　74LS373 的符号

表 5-7　74LS373 的功能表

$\overline{OE}$	EN	D	Q
0	1	1	1
0	1	0	0
0	0	×	保持
1	×	×	高阻

（二）移位寄存器

1. 由 D 触发器构成的移位寄存器

移位功能，即整个数据向左移位或向右移位，具有移位功能的寄存器称作移位寄存器，它分为单向移位寄存器和双向移位寄存器两种。

图 5-19(a) 是由上升沿有效的 D 触发器构成的三位右向移位寄存器。D_R 是数据输入端，它在 CP 脉冲（移位脉冲）的作用下，输入数码逐个地输入寄存器。

图 5-19(a) 的状态方程为

$$Q_0^{n+1} = D_R$$

$$Q_1^{n+1} = Q_0^n$$

$$Q_2^{n+1} = Q_1^n$$

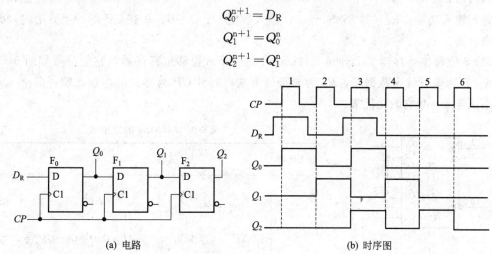

| (a) 电路 | (b) 时序图 |

图 5-19 右移位寄存器

因此，在每个 CP 上升沿时，D_R 端数据依次移入寄存器，寄存器的数据依次右移，由 Q_2 端依次串行输出，D_R 端称为串行输入端，Q_2 端称为串行输出端。

从图 5-19(b) 所示的波形，可以较容易地看出其移位过程，Q_0、Q_1、Q_2 的波形相同，依次滞后一个 CP 的周期。

2. 中规模集成移位寄存器

(1) 双向移位寄存器 74LS194　74LS194 是一个能进行双向移位和并行输入数据的四位移位寄存器。它的符号如图 5-20 所示。

S_0、S_1 为功能选择输入端，$\overline{R_d}$ 为异步清零端，S_R、S_L 分别是右移和左移串行输入数据端，D、C、B、A 是并行数据输入端，时钟 CP 为移位脉冲输入端，Q_D、Q_C、Q_B、Q_A 为输出端。

74LS194 具有左移位、右移位、并行输入、保持、清零五种功能，表 5-8 是 74LS194 的功能表。

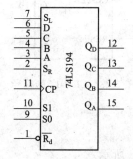

图 5-20　74LS194 的符号

表 5-8　74LS194 的功能表

CP	$\overline{R_d}$	S_1	S_0	功能
$\times$	0	$\times$	$\times$	清零
$\times$	1	0	0	保持
$\uparrow$	1	0	1	右移
$\uparrow$	1	1	0	左移
$\uparrow$	1	1	1	并行输入

清零功能：只要 $\overline{R_d} = 0$，寄存器就清零，即异步清零。

保持功能：$\overline{R_d} = 1$，$S_1 S_0 = 00$，不论 CP 如何，寄存器都处于保持状态。

右移功能：$\overline{R_d} = 1$，$S_1 S_0 = 01$，在 CP 脉冲上升沿到来时，输入数据从 S_R 端串行输入，

寄存器的内容右移，Q_D 即作为串行输出端。

左移功能：$\overline{R_d}=1$，$S_1S_0=10$，在 CP 脉冲上升沿到来时，输入数据从 S_L 端串行输入，寄存器的内容左移，Q_A 即作为串行输出端。

并行输入功能：$\overline{R_d}=1$，$S_1S_0=11$，输入数据 D、C、B、A 在 CP 脉冲上升沿时，并行存入寄存器。

（2）8 位移位寄存器 74LS164　74LS164 是一个 8 位移位寄存器，它的符号如图 5-21 所示。A、B 为串行输入数据端，$\overline{R_d}$ 为异步清零端，时钟 CP 为移位脉冲输入端，$Q_H \sim Q_A$ 为输出端。表 5-9 是它的功能表。

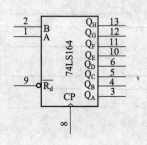

图 5-21　74LS164
　　的符号

表 5-9　74LS164 的功能表

CP	$\overline{R_d}$	功　　能
×	0	清零
↑	1	移位：$Q_A^{n+1}=AB$，$Q_B^{n+1}=Q_A^n \cdots Q_H^{n+1}=Q_G^n$

图 5-22 是一个扭环计数器，Q_H 通过反相器 G 反馈到串行输入端 A、B，在 CP 上升沿的作用下，$Q_H^{n+1}=Q_G^n$，$Q_G^{n+1}=Q_F^n \cdots Q_B^{n+1}=Q_A^n$，$Q_A^{n+1}=AB=\overline{Q_H^n}$。

设初态（$Q_H \sim Q_A$）为 00000000，在 CP 上升沿的作用下，其状态转换为：00000000→0000001→00000011→00000111→00001111→…→111111111→11111110→11111100→…→10000000→00000000。由 16 个状态构成一个循环，所以它是一个 16 进制计数器，又称它为 16 进制扭环计数器。

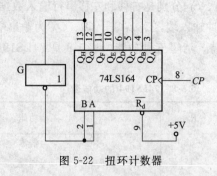

图 5-22　扭环计数器

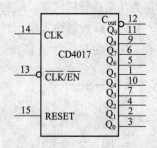

图 5-23　CD4017 的符号

三、顺序脉冲发生器

CD4017 是十进制计数器/脉冲分配器，符号图如图 5-23 所示。

$RESET$：清零输入。

$\overline{CLK/EN}$：时钟/使能输入。

CLK：时钟输入。

$Q_0 \sim Q_9$：脉冲输出。

C_{out}：进位输出。

当$\overline{CLK/EN}=0$ 时，时钟 CLK 上升沿有效，当 $CLK=1$ 时，$\overline{CLK/EN}$下降沿有效，在 CLK（或$\overline{CLK/EN}$）有效沿的作用下，$Q_0 \sim Q_9$ 依次输出一个正脉冲，时序图如图 5-24 所示。

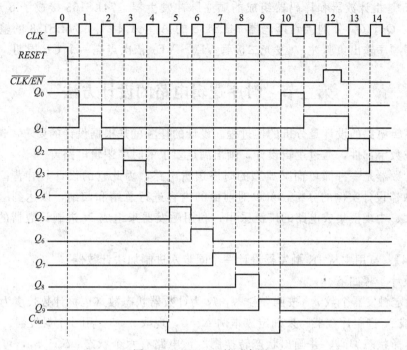

图 5-24　CD4017 的时序图

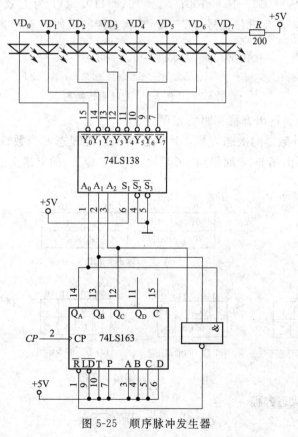

图 5-25　顺序脉冲发生器

输出端依次输出脉冲的电路称为顺序脉冲发生器，或称脉冲分配器，顺序脉冲发生器也是周期性的工作，实际上也是一个计数器。

图 5-25 是由计数器和译码器组成的顺序脉冲发生器，74LS163 接成了 8 进制计数器，其输出 Q_C、Q_B、Q_A 分别接到译码器 74LS138 的 A_2、A_1、A_0，74LS138 的输出依次输出低电平（即顺序输出负脉冲），发光二极管 VD_0～VD_7 依次点亮一个 CP 周期。

第三节　时序逻辑电路的设计方法

时序逻辑电路的设计是分析的逆过程。设计的任务就是根据设计的要求，选用基本逻辑单元电路或数字部件，通过逻辑设计，画出满足要求的时序逻辑电路。

由于计数器是一种简单而又典型的时序逻辑电路，因此它的设计具有普遍性。通过对 N 进制计数器设计实例的分析，可以对前面的内容进行总结和归纳，以达到融会贯通的目的。由于大、中规模集成电路的广泛采用，利用触发器来组成 N 进制计数器的方法已经不大采用了。

【例 5-4】 试用主从 JK 触发器设计一个同步六进制加法计数器。

解 设计步骤如下。

(1) 确定触发器个数 n　按照 $2^n \geqslant N$，N 为计数器状态数（也称计数长度为 N 或计数器的模为 N 或 N 进制计数器）来确定。本例 $N=6$，现取 $n=3$，用 3 个触发器。

(2) 选择状态编码、并画出状态转换图　该电路有六个状态：$S_0 \sim S_5$，可设 $S_0=000$；$S_1=001$；$S_2=010$；$S_3=011$；$S_4=100$；$S_5=101$。110、111 为无效状态，六进制加法计数，状态 $S_5 \to S_0$ 时，产生进位信号：$C=1$。其状态转换图如图 5-26 所示。

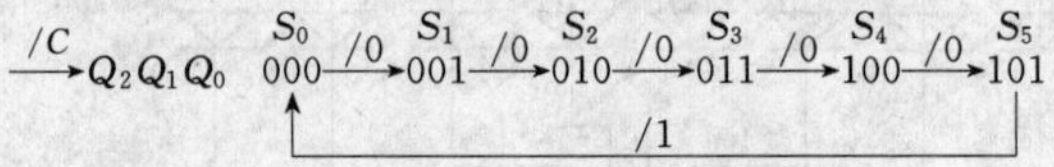

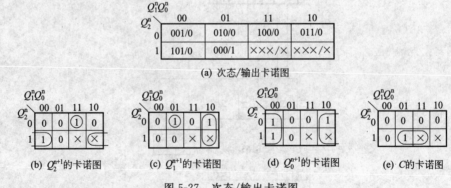

图 5-26 ［例 5-4］的状态转换图

(3) 求状态方程、输出方程和驱动方程

① 状态方程即计数器的次态方程，计数器的次态是现态的函数。因此表示状态方程和输出方程的卡诺图可由图 5-26 而得到，Q_2^{n+1}、Q_1^{n+1}、Q_0^{n+1} 的卡诺图如图 5-27 所示。

Q_2^n \ $Q_1^nQ_0^n$	00	01	11	10
0	001/0	010/0	100/0	011/0
1	101/0	000/1	×××/×	×××/×

(a) 次态/输出卡诺图

(b) Q_2^{n+1}的卡诺图　(c) Q_1^{n+1}的卡诺图　(d) Q_0^{n+1}的卡诺图　(e) C的卡诺图

图 5-27　次态/输出卡诺图

② 由卡诺图得状态方程

$$Q_2^{n+1}=Q_1^nQ_0^n\overline{Q_2^n}+\overline{Q_0^n}Q_2^n$$

$$Q_1^{n+1} = \overline{Q_2^n} Q_0^n \overline{Q_1^n} + \overline{Q_0^n} Q_1^n$$

$$Q_0^{n+1} = Q_0^n$$

其中 Q_2^{n+1} 并不是最简形式，是为了和 JK 触发器的特性方程进行比较，得到 JK 的驱动方程。

③ 输出方程

$$C = Q_2^n Q_0^n$$

④ 驱动方程 将状态方程和 JK 触发器的特性方程进行比较，即可求得驱动方程。

$$J_2 = Q_1^n Q_0^n, \quad K_2 = Q_0^n$$

$$J_1 = \overline{Q_2^n} Q_0^n, \quad K_1 = Q_0^n$$

$$J_0 = 1, \quad K_0 = 1$$

（4）根据驱动方程画逻辑图 电路如图 5-28 所示。

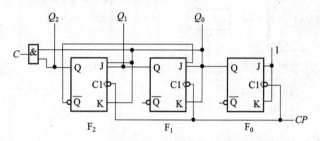

图 5-28 ［例 5-4］的同步六进制计数器

（5）检查能否自启动 将两个无效状态 110、111 分别代入状态方程，计算结果：110→111→000，计数器可以从无效状态进入有效状态，所以该计数器可以自启动。

本 章 小 结

① 时序电路结构特点：电路中一定有触发器。

② 时序电路逻辑功能特点：有记忆功能。

③ 时序电路逻辑功能的描述方法如下。

- 次态方程（注意使能条件特别是对于异步计数器）和输出方程：它是分析、设计时序电路所必需的描述方法。
- 状态转换表和状态转换图：非常直观地反映了时序电路工作的全过程和逻辑功能。
- 时序图：适用于时序电路的调试、故障分析。

④ 常见的时序逻辑电路有：计数器、寄存器、顺序脉冲发生器等，它们都是在时钟脉冲作用下工作的。

⑤ 本章系统地介绍了时序电路的分析方法和设计方法，重点介绍了典型中规模计数器、寄存器、顺序脉冲发生器的功能和应用。

习 题

5-1 试分析图题 5-1 所示的时序电路（步骤要齐全）。

5-2 试分析图题 5-2 所示的时序电路（步骤要齐全）。

5-3 试用 74LS90 构成 28 进制计数器（要求用 8421BCD 码）。

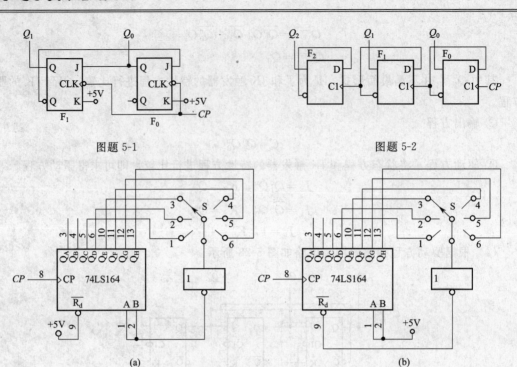

图题 5-1

图题 5-2

图题 5-4

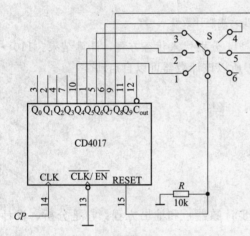

图题 5-5

5-4 试分析图题 5-4(a)、(b) 所示电路,当开关 S 分别置于 1,2,…,6 时电路的工作情况,画出 S 置于 6 时的状态转换图。

5-5 试分析图题 5-5 所示电路,当开关 S 分别置于 1,2,…,6 时电路的工作情况,画出 S 置于 "6" 时的时序图。

5-6 试分析图题 5-6 所示 (a)、(b) 两个电路,画出状态转换图,并说明是几进制计数器。

5-7 试分别采用 "反馈归零法" 和 "预置法",用 74LS163 构成 8 进制计数器,要求:输出 8421BCD 码。

5-8 试分别采用 "反馈归零法" 和 "预置法",用 74LS160 构成 8 进制计数器,要求:输出 8421BCD 码。

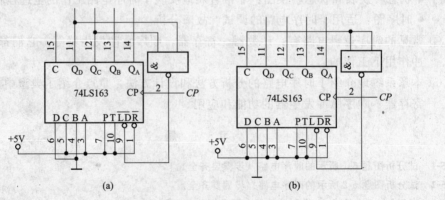

图题 5-6

第六章

脉冲波形的产生与整形

在数字电路中经常用到脉冲信号，如时序电路中的时钟脉冲，就是一种矩形脉冲。获取脉冲信号的途径有两种：一种是由脉冲振荡器产生，如多谐波发生器；另一种是由整形电路把已有的周期性变化的波形变换为所需要的脉冲信号，如施密特触发器。又由于近年来集成电路的广泛应用，以上电路都可以利用 555 定时器外接几个阻容元件方便地构成，所以，在这一章主要介绍 555 定时器及其应用。

第一节 555 定 时 器

555 定时器是一种中规模集成电路，具有功能强，使用灵活、方便等优点，在数字设备、工业控制、家用电器、电子玩具等许多领域都得到了广泛的应用。

集成定时器的产品主要有双极型和 CMOS 型两类，它们都有很宽范围的工作电压，虽然 CMOS 型定时器的最大负载电流要比双极型的小，但它们的功能和外引线端子排列完全相同，只是双极型号最后三位数码是 555，CMOS 型产品型号最后四位数码是 7555。下面以 CMOS 型产品中的典型电路 CC7555 为例作介绍。

一、电路组成

CC7555 的电路结构图如图 6-1(a) 所示，图 6-1(b) 是 CC7555 的符号。

它是由电阻分压器：R_1、R_2、R_3；电压比较器：C_1、C_2；基本 RS 触发器：G_1、G_2；放电管 VT 几个部分构成。

电阻分压器为三个 $5\mathrm{k}\Omega$ 电阻，对电源 U_{DD} 分压后，确定比较器 C_1、C_2 的参考电压分别为 $U_{R1} = \frac{2}{3}U_{DD}$，$U_{R2} = \frac{1}{3}U_{DD}$。如果 C-U 端外接控制电压 U_C，则 $U_{R1} = U_C$，$U_{R2} = \frac{1}{2}U_C$。

比较器 C_1、C_2 的输出作为基本 RS 触发器的触发信号。

各端功能如下。

1 (GND)——接地端；2 ($\overline{TR}$)——低触发输入端；3 (OUT)——输出端；4 ($\overline{R}_D$)——复位端，低电平有效，不用时接高电平；5 (C-U)——电压控制端，用于改变比较器的参考电压，不用时要经 $0.01\mu F$ 的电容接地；6 (TH)——高触发输入端；7 (DIS)——放电端，是外接电容器的放电通道；8 (U_{DD})——电源端，接电源（3～18V）。

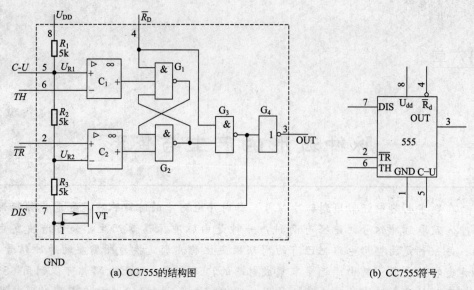

(a) CC7555的结构图　　　　　　　　　　　(b) CC7555符号

图 6-1　CC7555 的电路结构图及符号

二、逻辑功能

CC7555 的逻辑功能表如表 6-1 所示，表 6-1 是在不使用电压控制端 U_C（通常经 $0.01\mu F$ 的电容接地）的工作情况。

表 6-1　CC7555 的逻辑功能表

TH	$\overline{TR}$	$\overline{R_D}$	OUT	DIS
×	×	0	0	导通
$>\frac{2}{3}U_{DD}$	$>\frac{1}{3}U_{DD}$	1	0	导通
$<\frac{2}{3}U_{DD}$	$>\frac{1}{3}U_{DD}$	1	保持	保持
×	$<\frac{1}{3}U_{DD}$	1	1	截止

当 $\overline{R_D}=0$ 时：输出为 $OUT=0$，放电端 DIS 导通（对地之间的电阻很小），其他输入端不起作用，即 $\overline{R_D}$ 优先级别最高。

下面讨论当 $\overline{R_D}=1$ 时的工作情况。

$TH>\dfrac{2}{3}U_{DD}$，$\overline{TR}>\dfrac{1}{3}U_{DD}$，放电端导通，输出 OUT 为 0。

$TH<\dfrac{2}{3}U_{DD}$，$\overline{TR}>\dfrac{1}{3}U_{DD}$，放电端和输出均保持原态。

只要 $\overline{TR}<\dfrac{1}{3}U_{DD}$，放电端截止，输出 OUT 为 1。

当在电压控制端 $C\text{-}U$ 加一控制电压 U_C 时（$0<U_C<U_{DD}$），则 TH 与 U_C 比较，$\overline{TR}$ 与 $\dfrac{1}{2}U_C$ 比较。

第二节　555 定时器的应用

　　555 集成电路最早是被用作定时电路，近年来，应用范围越来越广，已不仅限于定时，大到工业控制，小到电子玩具，都有 555 定时器的参与。

一、施密特触发器

（一）电路组成及工作原理

　　由 CC7555 定时器构成的施密特触发器如图 6-2（a）所示，6 端和 2 端连在一起，作为输入端，5 端经 $0.01\mu F$ 的电容接地。

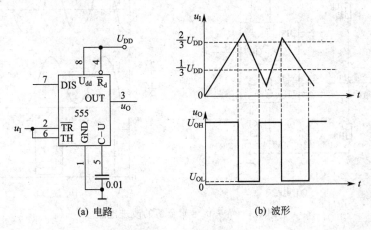

(a) 电路　　　　　　　　　　(b) 波形

图 6-2　施密特触发器

　　图 6-2（b）为工作波形图，当 $u_I < \dfrac{1}{3} U_{DD}$ 时，电路输出高电平；当 u_I 逐渐上升到 $\dfrac{1}{3} U_{DD} < u_I < \dfrac{2}{3} U_{DD}$ 时，电路输出状态保持为高电平；当 $u_I > \dfrac{2}{3} U_{DD}$ 时，输出低电平，把 $\dfrac{2}{3} U_{DD}$ 称作正向阈值电压，记作 U_{T+}。

　　当 u_I 逐渐下降，$\dfrac{2}{3} U_{DD} > u_I > \dfrac{1}{3} U_{DD}$ 时，电路输出保持为低电平，当 u_I 继续下降到 $u_I < \dfrac{1}{3} U_{DD}$ 时，电路又输出高电平，把 $\dfrac{1}{3} U_{DD}$ 称为负向阈值电压，记作 U_{T-}。

　　当 u_I 逐渐上升时，u_I 与 U_{T+} 比较，$u_I > U_{T+}$，输出为低电平，当 u_I 逐渐下降时，u_I 与 U_{T-} 比较，$u_I < U_{T-}$，输出为高电平，所以又把这个电路称为迟滞比较器。

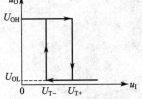

图 6-3　施密特触发
器的电压传输特性

$$\Delta U_T = U_{T+} - U_{T-} = \frac{1}{3} U_{DD}$$

　　把 ΔU_T 称为施密特触发器的回差。

　　回差电压越大，电路的抗干扰能力就越强，但如过大，会使触发器的灵敏度降低。其电压传输特性如图 6-3 所示。定时器的 5 端外加控制电压，可以改变电压比较器的参考电压值，即可改变回差的大小。

（二）施密特触发器的应用

1. 脉冲波形的变换及整形

施密特触发器是一种常用的脉冲波形整形电路，它可以把变化缓慢的、不规则的脉冲波形变换为数字电路所需要的矩形脉冲信号，如图 6-2（b）所示。施密特触发器常用于数字电路的输入接口。

输入电压 u_I 的范围是 $0 \sim U_{DD}$，如果不满足这个条件，必须采取相应的措施。如信号太小，可加一级放大器，如信号太大，可用电阻分压，如信号有负值，可采用图 6-4 所示电路加以解决。

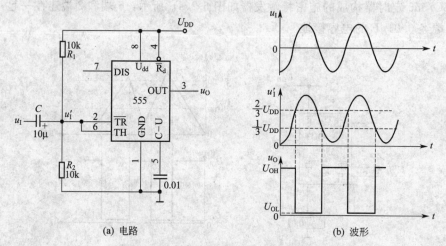

(a) 电路　　　　　　　　　　　　　　　(b) 波形

图 6-4　解决信号有负值的改进电路

2. 简单的控制电路

这里所讲的简单控制，是指控制电路输出的是开关量而不是模拟量，如路灯自动控制电路，只需根据环境的亮暗来控制路灯的开与关，而不必考虑调光。图 6-5 就是一个简单的路灯控制电路，R_G 为光敏电阻。

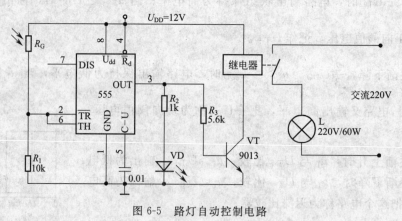

图 6-5　路灯自动控制电路

二、多谐波发生器

（一）电路组成及工作原理

由 CC7555 定时器构成的多谐振荡器如图 6-6（a）所示，图 6-6（b）是多谐波发生器的工

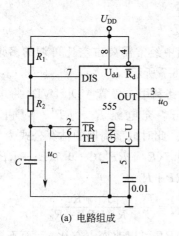

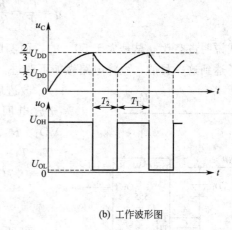

(a) 电路组成　　　　　　　　(b) 工作波形图

图 6-6　多谐波发生器

作波形图。

设电路接通电源之前，电容端电压 $u_C = 0$。接通电源的瞬间，电容两端电压不能突变，仍有 $u_C = 0$，$u_C < \frac{1}{3}U_{DD}$，输出高电平，即 $u_O = U_{OH}$，DIS 端截止，U_{DD} 通过 R_1、R_2 给 C 充电，u_C 按指数规律上升，在 $\frac{1}{3}U_{DD} < u_C < \frac{2}{3}U_{DD}$ 时，输出保持高电平，电容 C 继续充电，当 u_C 上升到 $u_C > \frac{2}{3}U_{DD}$ 时，输出低电平，$u_O = U_{OL}$，DIS 端导通，电容 C 充电结束，并经 R_2、DIS 端开始放电，U_C 按指数规律下降，当 u_C 下降到在 $\frac{2}{3}U_{DD} > u_C > \frac{1}{3}U_{DD}$ 时，输出保持低电平，电容 C 继续放电，u_C 下降到 $u_C < \frac{1}{3}U_{DD}$ 时，输出高电平，$u_O = U_{OH}$，DIS 端截止，C 又开始充电，这样电路开始了周而复始的工作。

根据电容的过渡过程可得到振荡周期的估算公式

$$T = T_1 + T_2$$

T_1 与电容充电过程有关，充电时间常数为 $(R_1 + R_2)C$；T_2 与电容放电过程有关，放电时间常数为 $R_2 C$。

其中　　　$$T_1 = (R_1 + R_2)C \ln \frac{U_{DD} - \frac{1}{3}U_{DD}}{U_{DD} - \frac{2}{3}U_{DD}} \approx 0.7(R_1 + R_2)C$$

$$T_2 = R_2 C \ln \frac{0 - \frac{2}{3}U_{DD}}{0 - \frac{1}{3}U_{DD}} \approx 0.7 R_2 C$$

所以　　$T \approx 0.7(R_1 + 2R_2)C$

振荡频率　　$f \approx \dfrac{1}{0.7(R_1 + 2R_2)C}$

改变 R_1、R_2、C 的值可改变振荡频率。

脉冲的占空比为

$$q=\frac{T_1}{T}=\frac{R_1+R_2}{R_1+2R_2}$$

上式说明占空比 q 总是大于 50% 的，而实际应用中经常需要占空比可调的多谐波发生器，为了达到这一目的，可将电路做如下改进，如图 6-7 所示。

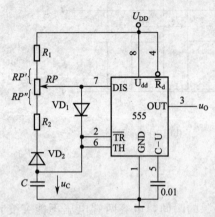

改进后的电路利用二极管 VD_1、VD_2 将电容 C 的充放电回路隔开，充电经 R_1、RP'、VD_1；放电经 VD_2、R_2、RP''。此时振荡周期的估算公式为

$$T=T_1+T_2=0.7(R_1+RP')C+0.7(R_2+RP'')C$$
$$=0.7(R_1+RP+R_2)C$$

$$q=\frac{T_1}{T}=\frac{R_1+RP}{R_1+RP+R_2}$$

可见，调节 RP 可以改变占空比 q，而不影响振荡频率。

多谐波发生器是一种能够产生矩形波的自激振荡器，由于矩形波中除了基波还有很多谐波分量，多谐波发生器（或多谐波振荡器）的名字就是由此而来。

图 6-7　占空比可调的多谐波发生器

（二）多谐波发生器的应用

由于多谐波发生器能够产生一定频率的矩形脉冲信号，故而应用很广，这里介绍两个比较实用的小电路。

1. 简易门铃电路

电路如图 6-8 所示，虚线框内为控制电路，当按钮 S 未被按下时，复位端通过电阻 R_4 接地，输出低电平，扬声器不发声。

当按下 S 时，电源 U_{DD} 经 S、R_3 向电容 C_2 充电，使复位端接高电平（$R_3<R_4$），电路便成为多谐波发生器，产生振荡，驱动扬声器发声。

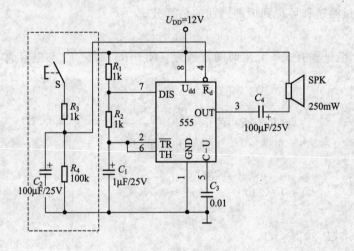

图 6-8　简易门铃电路

松开按钮 S 后 u_{C_2} 仍可为 4 端维持一段时间的高电平，使扬声器继续发声，直至 C_2 放电使 4 端变为低电平，扬声器停止发声。

2. 防盗报警电路

如图 6-9 所示，是一个防盗报警电路，图中的虚线表示金属细线，应放置在盗贼必经之路，如门、窗等。

该电路实际上是由 555 定时器构成的多谐波发生器。在正常情况下，金属细线将 4 端接地，电路不能振荡，输出低电平，扬声器不发声。当金属线被盗贼触断时，4 端变为高电平，电路开始振荡，驱动扬声器发出报警信号。

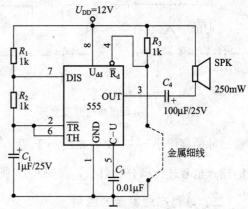

图 6-9　防盗报警电路

三、单稳态触发器

（一）电路组成及工作原理

用 CC7555 构成的单稳态触发器电路如图 6-10(a) 所示，图(b) 为工作波形图。

由图(a) 可以看出，输入信号 u_I 加在 2 端（$\overline{TR}$），而 6 端（TH）与 7 端（放电端）连在一起，外接电容。

假设在 $t=0$ 时，3 端输出低电平，则 7 端导通，6 端 $TH \approx 0 < \frac{2}{3}U_{DD}$，而 u_I 为高电平，即 $\overline{TR} > \frac{1}{3}U_{DD}$，CC7555 处于保持状态，所以假设成立。在 $0 \sim t_1$ 期间 $u_O = U_{OL}$。

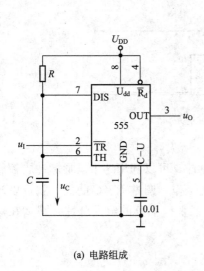

(a) 电路组成

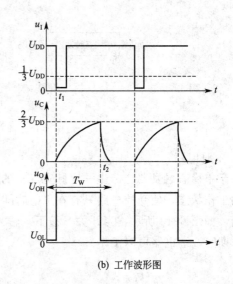

(b) 工作波形图

图 6-10　单稳态触发器

在 t_1 时刻 u_I 由高电平变为低电平，即外加触发信号，即 $\overline{TR} < \frac{1}{3}U_{DD}$，3 端输出高电平，即 $u_O = U_{OH}$。与此同时，7 端截止，U_{DD} 经 R 给 C 充电，在 t_2 时刻，6 端上升到 $TH > \frac{2}{3}U_{DD}$ 时（假定在此之前 u_I 已由低电平变为高电平，即 $\overline{TR} > \frac{1}{3}U_{DD}$），则 3 端输出低电平，7 端导通，电容 C 经 7 端迅速放电，直至 $u_C \approx 0$。

$t_1 \sim t_2$ 期间定时器输出高电平，这个状态称为暂态，在无触发信号时，输出保持低电平，这个状态称为稳态。

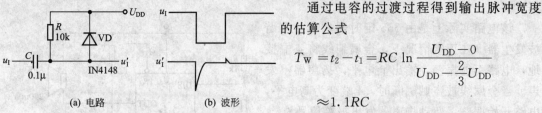

通过电容的过渡过程得到输出脉冲宽度的估算公式

$$T_W = t_2 - t_1 = RC \ln \frac{U_{DD} - 0}{U_{DD} - \frac{2}{3}U_{DD}}$$

$$\approx 1.1RC$$

图 6-11　微分和限幅电路及波形

在单稳态触发器工作时，必须保证输入的负脉冲的幅值小于 $\frac{1}{3}U_{DD}$，宽度小于 T_W，当输入脉冲宽度大于 T_W 时，应对单稳态触发器的输入信号进行微分和限幅，如图 6-11 所示。

（二）单稳态触发器的应用

1. 脉冲的延时

如图 6-12 所示，输入信号是一个窄的负脉冲信号，经单稳态触发器输出一个具有一定脉宽 T_W 的正脉冲信号，也就是说，输出脉冲的下降沿比输入脉冲的下降沿在时间上延迟了 T_W，如果用输出脉冲的下降沿去触发其他电路，就起到了延时的作用。

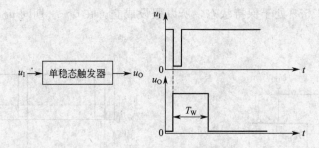

图 6-12　简单的延时电路

2. 定时电路

由于单稳态触发器能产生一定脉宽 T_W 的矩形脉冲，可以利用这个矩形脉冲去控制其他电路的工作状态，使受控电路只有在 T_W 时间内才能工作。调整 R、C 的值，就可以改变定时时间。如图 6-13 所示，当开关 S 按下，输入端将产生一个负的触发脉冲，那么在输出脉冲 T_W 期间，继电器可以工作。

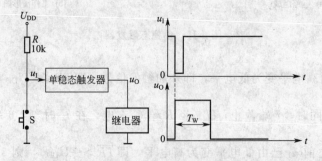

图 6-13　控制继电器工作

第三节 CMOS 多谐波发生器

前面介绍了用于 555 定时器构成的多谐波发生器，除此之外，还可以用分立元件或门电路来构成多谐波发生器。

一、电路的组成

图 6-14 所示为 CMOS 反相器组成的多谐波发生器。

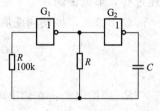

图 6-14 CMOS 反相器组成的多谐波发生器

二、电路的工作原理

因为 CMOS 电路的输入阻抗很高，其输入电流近似为 0，又因为其输出高、低电平分别接近 U_{DD} 和 0V，所以 CMOS 反相器可以看作是一个电压控制的电子开关，如图 6-15(a) 和图 6-15(b) 所示，虚线框 G_1 和 G_2 分别是图 6-14 中 G_1 和 G_2 的简化等效电路，其中二极管是门电路内部的保护电路，设其阈值电压 $U_{TH} = \frac{1}{2}U_{DD}$。

设 $t=0$ 时，C 未充电，且 $u_{O1}=U_{DD}$，则 $u_O=0$，$u_{I1}=0$。此时，S_1、S_4 闭合，S_2、S_3 打开，同时 C 开始充电，充电支路是 $U_{DD} \rightarrow S_1 \rightarrow R \rightarrow C \rightarrow S_4 \rightarrow$ 地，充电极性是下正上负，如图 6-15(a)，电容 C 上的电压通过 R_S 加到 G_1 的输入端 u_{I1}，u_{I1} 随 C 的充电而增大，在 $t=t_1$ 时，$u_{I1}>U_{TH}$，则 $u_{O1}=0$，$u_O=U_{DD}$，S_1、S_4 打开，S_2、S_3 闭合，此时，由于 u_O 上升到 U_{DD}，而 C 两端的电压不能突变，所以 u_{I1} 试图由 U_{TH} 上升到 $U_{TH}+U_{DD}$，但由于保护二极管的作用，使 u_{I1} 只能比 U_{DD} 大 0.7V。

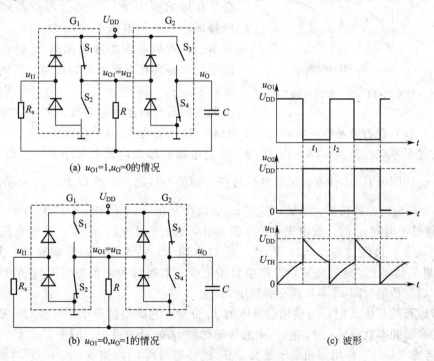

(a) $u_{O1}=1,u_O=0$ 的情况

(b) $u_{O1}=0,u_O=1$ 的情况

(c) 波形

图 6-15 CMOS 多谐波振荡器的分析

此后，C 开始反向充电，反向充电支路是 $U_{DD} \rightarrow S_3 \rightarrow C \rightarrow R \rightarrow S_2 \rightarrow$ 地，充电极性是上正下负，如图 6-15(b) 所示，电容 C 上的电压通过 R_S 加到 G_1 的输入端 u_{I1}，u_{I1} 随 C 的反向充电而减小，在 $t = t_2$ 时，$u_{I1} < U_{TH}$，则 $u_{O1} = U_{DD}$，$u_O = 0$，S_2、S_3 打开，S_1、S_4 闭合，此时，由于 u_O 下降了 U_{DD}，而 C 两端的电压不能突变，所以 u_{I1} 试图由 U_{TH} 下降到 $U_{TH} - U_{DD}$，但由于保护二极管的作用，使 u_{I1} 只能比 0V 低 0.7V。此后，C 又开始充电，重复上述过程，形成振荡。

输出方波，振荡周期取决于电容的充放电时间，振荡周期为

$$T = T_1 + T_2 = 2RC \ln \approx \frac{U_{DD} - 0}{U_{DD} - \frac{1}{2}U_{DD}} \approx 1.4RC$$

R_S 的作用是：在输出电压跳变时，限制保护二极管电流，不影响振荡周期。

三、晶体振荡器

在数字钟等计时系统中，对振荡器的振荡频率稳定性有严格的要求。在这种情况下，图 6-15 所示的 CMOS 多谐波振荡器是难以满足要求的。这种振荡器的振荡频率主要取决于门电路输入电压在电容充、放电过程中到达阈值电压所需的时间，首先，门电路的阈值电压 U_{TH} 本身就不够稳定，容易受到电源电压和温度的影响；其次，在电路状态临近转换时电容充、放电的速度已经比较缓慢，在这种情况下阈值电压 U_{TH} 微小的变化或轻微的干扰都会严重地影响振荡周期。

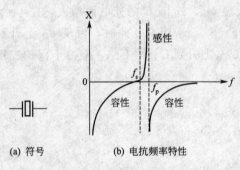

(a) 符号 (b) 电抗频率特性

图 6-16 石英晶体的符号和电抗频率特性

石英晶体的符号和电抗频率特性如图 6-16 所示，f_s 是石英晶体的串联谐振频率，f_p 是石英晶体的并联谐振频率，f_p 略大于 f_s，通常说石英晶体的频率 f_0，就是指石英晶体的串联谐振频率，当外加电压的频率为 f_0 时，它的阻抗最小，当外加电压的频率偏离 f_0 时，其阻抗急剧增大，即具有很好的选频作用。它的频率稳定度（$\Delta f_0 / f_0$）可达 $10^{-10} \sim 10^{-11}$，足以满足大多数数字系统对频率稳定度的要求。

图 6-17(a) 是石英晶体振荡器的典型电路，G_1、G_2 是 CMOS 门电路。

暂时先不考虑石英晶体 X，由于 CMOS 门电路的输入电流非常小，R 上的压降很小，即：$u_I \approx u_O$，因而 G_1 工作在传输特性的转折区如图 6-17(b) 中的 Q 点，$u_O \approx u_I \approx U_{TH} \approx \frac{1}{2} U_{DD}$，由于传输特性的转折区很陡，这时 u_I 的微小变化，u_O 就有一个较大的变化。当考虑 G_1 的传输延迟时间 t_{pd} 时，设由于某种原因 $u_I \uparrow$，经过一个 t_{pd}，$u_O \downarrow$，通过电阻 R 反馈到输入，使 $u_I \downarrow$，再经过一个 t_{pd}，$u_O \uparrow$，经过电阻 R，$u_I \uparrow$……，形成振荡，其周期为：$2t_{pd}$，这里是利用了"延迟负反馈"产生自激振荡（有时称为环形振荡器）。但这个电路并不实用，因为传输时间 t_{pd} 本身就不够稳定。

当考虑石英晶体 X 时，对输出信号中的 f_0 分量，它的阻抗最小，反馈信号最强，最后振荡器的振荡频率就稳定在 f_0 上，G_1 的传输时间 t_{pd} 的影响极小。图中 C_1、C_2 分别对 u_I、u_O 有一定的"延时"作用，相当于延长了 G_1 的传输时间 t_{pd}，调节 C_1、C_2 可对振荡器的振荡频率进行微调。

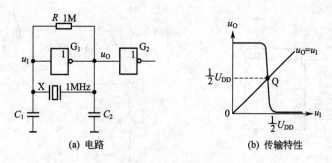

(a) 电路   (b) 传输特性

图 6-17 石英晶体振荡器

由于石英晶体的选频作用，G_1 的输出基本上是一个正弦波，G_2 起整形作用，把正弦波变换成矩形波。

本 章 小 结

本章主要介绍了 555 定时器及其在脉冲波形产生、整形及定时方面的应用。555 定时器功能强，使用灵活、方便，仅需外接阻容元件，就可构成各种功能电路。如本章介绍的施密特触发器、多谐波发生器、单稳态触发器。

施密特触发器常用的脉冲整形电路，可以将其他脉冲信号，如三角波、正弦波及不规则信号，变换成矩形波。

单稳态触发器还可用于定时、脉冲的延时等。

多谐波发生器输出一定频率的矩形波或方波，这个信号就可以去控制或触发其他电路。

书中还介绍了 CMOS 多谐波发生器，CMOS 电路具有功能强、体积小、功耗低等优点，应用也很广泛。

习 题

6-1 555 定时器由哪几部分组成？各部分功能是什么？

6-2 由 555 定时器组成的施密特触发器具有回差特性，回差电压 ΔU_T 的大小对电路有何影响？怎样调节？当 $U_{DD}=12V$ 时，U_{T+}、U_{T-}、ΔU_T 各为多少？当控制端 $C\text{-}U$ 外接 8V 电压时，U_{T+}、U_{T-}、ΔU_T 各为多少？

6-3 电路如图题 6-3(a) 所示，若输入信号 u_I 如图(b) 所示，请画出 u_O 的波形。

6-4 由 555 定时器构成的多谐波发生器见图 6-6(a)所示，若 $U_{DD}=9V$，$R_1=10k\Omega$，$R_2=2k\Omega$，$C=0.3\mu F$，计算电路的振荡频率及占空比。

6-5 如要改变由 555 定时器组成的单稳态触发器的脉宽，可以采取哪些方法？

6-6 由 555 定时器构成的单稳态触发器如图 6-10(a) 所示，若 $U_{DD}=12V$，$R=10k\Omega$，$C=0.1\mu F$，试求脉冲宽度 $T_W=$？

6-7 如图 6-8 所示，由 555 定时器组成的简易门铃，设 4 端电压小于 3V 为低电平，$U_{DD}=6V$，$C_1=1\mu F$，根据图中参数计算：

① 当按钮 S 按一下放开后，门铃能响多长时间？

② 门铃声的频率是多少？

6-8 如图题 6-8 所示，这是一个根据周围光线强弱可自动控制 VD 亮、灭的电路，其中 VT 是光敏三极管，有光照时导通，有较大的集电极电流，光暗时截止。试分析电路的工作原理。

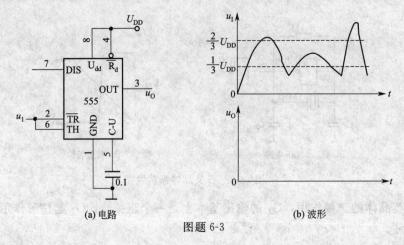

(a) 电路   (b) 波形

图题 6-3

6-9 如图题 6-9 所示，电路工作时能够发出"呜…呜"间歇声响，试分析电路的工作原理。$R_{1A} = 100k\Omega$，$R_{2A} = 390k\Omega$，$C_A = 10\mu F$，$R_{1B} = 100k\Omega$，$R_{2B} = 620k\Omega$，$C_B = 1000pF$，则 f_A、f_B 分别为多少？定性画出 u_{O1}、u_{O2} 波形图。

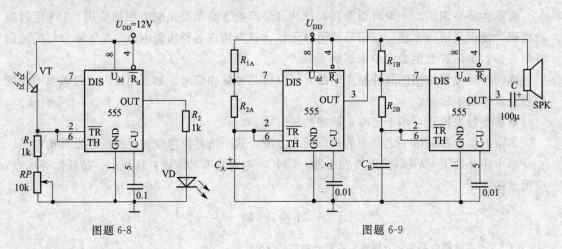

图题 6-8   图题 6-9

第七章

数/模和模/数转换

随着数字电子技术的发展，特别是数字电子计算机的广泛应用，用数字电路处理模拟信号的情况越来越多。大家知道，数字电路只能处理数字信号，而在实际应用系统中需要处理的信号，大部分是连续变化的模拟量，如温度、压力、声音、位移等。只有将这些模拟信号转换成数字信号才能送到数字系统或计算机进行处理，多数情况下，处理后的数字信号还要转换为模拟信号，用以控制执行机构。

将数字信号转换成模拟信号的电路叫 D/A 转换器，简写为 DAC，将模拟信号转换成数字信号的电路叫 A/D 转换器，简写为 ADC。

第一节　D/A 转换器（DAC）

一、倒 T 形电阻网络 DAC

图 7-1 是一个 4 位的倒 T 形电阻网络 DAC。

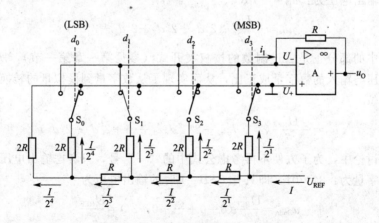

图 7-1　倒 T 形电阻网络 DAC 转换器

运算放大器工作在线性放大状态，所以反相输入端和同相输入端的电压近似相等，又因为同相输入端接地，所以 $U_- \approx U_+ = 0$。这样，不论 S_3、S_2、S_1、S_0 合到哪一边，都相当于接地，流过每个支路的电流始终不变，在计算倒 T 形电阻网络各支路的电流时可以将电阻网络等效成图 7-2 所示的电路。

由图 7-2 不难看出，从 A、B、C、D 每个端口向左看进去的等效电阻总是 R，因此，从

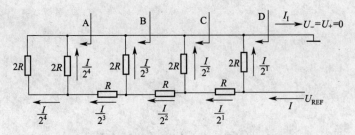

图 7-2　计算倒 T 形电阻网络各支路电流的等效电路

参考电源 U_{REF} 流入倒 T 形电阻网络的总电流为

$$I = \frac{U_{REF}}{R}$$

各支路的电流自左到右依次为

$$\frac{I}{2^4}、\frac{I}{2^3}、\frac{I}{2^2}、\frac{I}{2^1}$$

在图 7-1 中，S_3、S_2、S_1、S_0 是分别受数字量 d_3、d_2、d_1、d_0 控制的模拟开关，其中 d_3 是最高位（MSB），d_0 是最低位（LSB）。

令 $d_i = 0$ 表示对应的 S_i 接到运算放大器的同相输入端 U_+，$d_i = 1$ 表示对应的 S_i 接到运算放大器的反相输入端 U_-，则流进运算放大器反相端的电流为

$$i_I = \frac{I}{2^1}d_3 + \frac{I}{2^2}d_2 + \frac{I}{2^3}d_1 + \frac{I}{2^4}d_0$$

$$= \frac{I}{2^4}(2^3 d_3 + 2^2 d_2 + 2^1 d_1 + 2^0 d_0)$$

$$= \frac{U_{REF}}{2^4 R}(2^3 d_3 + 2^2 d_2 + 2^1 d_1 + 2^0 d_0)$$

运算放大器的输出电压为：$u_O = -i_I R$

即

$$u_O = -\frac{U_{REF}}{2^4}(2^3 d_3 + 2^2 d_2 + 2^1 d_1 + 2^0 d_0)$$

上式括号中的部分正是二进制数的按权展开式（参见第一章第一节），所以上式表明，输出的模拟电压与输入的数字量成正比，从而实现了从数字量到模拟量的转换。

推广到 n 位

$$u_O = -\frac{U_{REF}}{2^n}(2^{n-1} d_{n-1} + 2^{n-2} d_{n-2} + \cdots + 2^1 d_1 + 2^0 d_0)$$

在以下的讨论中，为了方便不再考虑公式中的"$-$"号，只考虑输出电压的大小。

当输入数字量为：$00\cdots01$，即只有 $LSB = 1$ 时的输出电压为

$$u_{Omin} = \frac{U_{REF}}{2^n}(0 + 0 + \cdots + 0 + 2^0) = \frac{U_{REF}}{2^n}$$

u_{Omin} 表示 DAC 能够分辨出来的最小输出电压。

当输入数字量为：$11\cdots\cdots11$（即各位都是 1）时的输出电压最大为

$$u_{Omax} = \frac{U_{REF}}{2^n}(2^{n-1} + 2^{n-2} + \cdots + 2^1 + 2^0) = \frac{U_{REF}}{2^n}(2^n - 1) \approx U_{REF}$$

u_{Omax} 又叫输出电压的满度值 FSR。

这个电路的输出电压和参考电压的极性相反，如果想得到正极性的输出电压，就应选负

极性的参考电压。

二、DAC 的主要指标

（一）DAC 的转换精度

DAC 的转换精度通常用分辨率和转换误差来描述。

1. 分辨率

一种是用 DAC 输入的二进制数的位数来描述，如 10 位的 DAC 的分辨率就是 10 位。

另一种是用 DAC 能够分辨出来的最小输出电压与最大输出电压之比来描述，如 10 位的 DAC 的分辨率就是

$$\frac{1}{2^{10}-1} \approx \frac{1}{2^{10}} = \frac{1}{1024} \approx 0.001 = 0.1\%$$

由此看来，分辨率就是 DAC 在理论上可以达到的精度。

2. 转换误差

转换误差是由于参考电压的波动、运算放大器的零漂、模拟开关的电阻及网络电阻阻值的偏差等原因造成的。

转换误差一般用最低位（LSB）的倍数来表示。

例如：某 8 位 DAC 的转换误差是：$1 \times LSB$，当参考电压 $U_{REE} = 10V$ 时，产生的绝对误差小于等于

$$\frac{1}{2^8-1} U_{REF} = \frac{1}{255} \times 10 = 0.039 \ (V)$$

有时也用输出电压的满度值 FSR 的百分数来表示。

例如：某 8 位 DAC 的转换误差是 0.1%FSR，当参考电压 $U_{REE} = 10V$ 时，产生的绝对误差小于等于

$$10 \times 0.1\% \leqslant 0.01 \ (V)$$

为了获得较高精度的 D/A 转换，单纯依靠选用高分辨率的 DAC 器件是不够的，必须有高精度的参考电源和低漂移的运算放大器与之配合。

目前使用的 DAC 器件，内设参考电源且直接输出电压，使用非常方便。

（二）D/A 转换器速度

通常用建立时间 t_{set} 来定量描述 DAC 的转换速度。

t_{set} 定义为：从输入数字量发生突变开始，直到输出电压进入与稳态值相差 $\pm\frac{1}{2}LSB$ 范围以内的这段时间，如图 7-3 所示。

一般说来，输入数字量变化越大，建立时间就越长，所以一般产品说明中给出的是输入从全 0 跳变到全 1（或从全 1 跳变到全 0）时的建立时间。

三、DAC0832 及应用

下面简要介绍 DAC0832 的性能和典型应用。

DAC0832 采用了 CMOS 工艺的 8 位 DAC 芯片，它有两级缓冲寄存器（简称缓存），以电路形式输出。原理框图如图 7-4 所示。

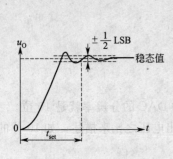

图 7-3　DAC 的建立时间

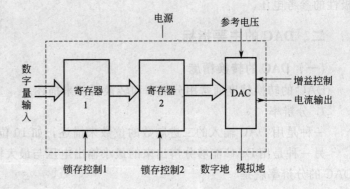

图 7-4　DAC0832 原理框图

（一）DAC0832 的主要特点

① 分辨率为 8 位；

② 电流稳定时间（即建立时间）$1\mu s$；

③ 可双缓冲、单缓冲或直接数字输入；

④ 设有增益调节（即满度调节）端子；

⑤ 单电源供电（$+5\sim+15V$）；

⑥ 低功耗（小于 20mW）。

（二）各端子的功能

DAC0832 的符号如图 7-5 所示。下面简要介绍各端子的功能。

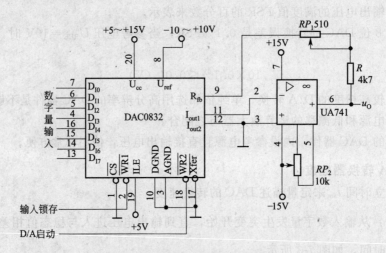

图 7-5　DAC0832 简单应用电路

$D_{I0}\sim D_{I7}$：8 位数字输入端。

寄存器 1（即输入寄存器）的控制端有 $\overline{CS}$、$\overline{WR1}$、ILE 等。

$\overline{CS}$：片选端，低电平有效，$\overline{WR1}$：写选通端，低电平有效，ILE：允许锁存端，高电平有效。

只有上面的三个信号同时有效时，寄存器 1（实际上是 8 位透明触发器）接收输入数据。否则寄存器 1 锁存数据。

寄存器 2（即 DAC 寄存器）的控制端有 $\overline{WR2}$、$\overline{Xfer}$ 等。

$\overline{WR2}$：写选通端，低电平有效，$\overline{Xfer}$：数据传送端，低电平有效。

只有上面的两个信号同时有效时，寄存器 1 的数据传送到寄存器 2。否则寄存器 2 锁存数据，确保 D/A 转换过程中被转换的数字量是稳定的。

U_{ref}：参考（基准）电压输入端（$-10\sim+10V$）。

R_{fb}：增益控制（即满度控制）端。

I_{out1}、I_{out2}：电流输出端。

U_{CC}：电源输入端（$+5\sim+15V$）。

AGND、DGND：分别是模拟地和数字地。使用时，将系统所有模拟地和系统所有数字地，分别接 AGND 和 DGND 后，再就近接到电源地。

（三）典型应用

图 7-5 是一个 DAC0832 的简单应用电路

因为 $\overline{CS}=0$，$ILE=1$，所以只要在输入锁存控制端（$\overline{WR1}$）加一个负脉冲，输入寄存器就可接收并锁存输入数据。

因为 $\overline{Xfer}=0$，所以只要在 D/A 启动控制端（$\overline{WR2}$）加一个负脉冲，输入寄存器的数据就传送到寄存器 2，同时启动 D/A 转换。

外接运算放大器 A 是将 DAC 的输出电流转换为电压，RP 则是用来调节这个转换系数（即：互阻增益）的，具体调节时，是在输入最大时输出电压达到满度，所以又叫满度调节。

四、串行 DAC 简介

在转换速度要求不太高的情况下，使用串行 DAC 是比较合理的，串行 DAC 具有体积小，功耗低，节省外部资源，特别是总线的宽度（总线的位数）等优点。下面以 8 位串行数模转换器 TLV5625 为例简要介绍串行 DAC。

（一）TLV5625 的基本特性

TLV5625 是双通道 8 位电压输出的 DAC，采用串行外围接口 SPI（Serial peripheral interface），可编程的建立时间（转换速度），高速：$1.5\mu s$，低速：$12\mu s$。

TLV5625 的封装如图 7-6 所示，只有 8 个引线端子，图 7-7 是 TLV5625 的功能框图。

引线端子说明

DIN：串行数据输入。

SCLK：串行时钟，最高频率 20MHz，下降沿有效。

$\overline{CS}$：片选信号，低电平有效。

OUTA：A 通道模拟电压输出，负载电阻应大于 $2k\Omega$，

图 7-6 TLV5625 的封装

负载电容应小于 100pF。

OUTB：B 通道模拟电压输出，负载电阻应大于 $2k\Omega$，负载电容应小于 100pF。

U_{DD}：电源，$2.7\sim5V$。

REF：外接参考电压，一般取 $U_{DD}/2$（这也是最大值）。

AGND：模拟地（和数字地公用）。

（二）TLV5625 的数据格式

数据格式，分为两部分：

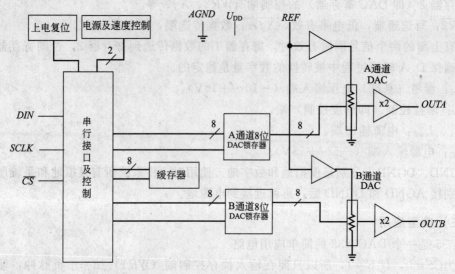

图 7-7 TLV5625 的功能框图

编程位：$D_{15} \sim D_{12}$。

数据：$D_{11} \sim D_4$，$D_3 \sim D_0$ 均为 0（12 位的 TLV5618 使用了 $D_3 \sim D_0$）。

D_{15}	D_{14}	D_{13}	D_{12}	D_{11}	D_{10}	D_9	D_8	D_7	D_6	D_5	D_4	D_3	D_2	D_1	D_0
R_1	SPD	PWR	R_0	\multicolumn{8}{c}{8 位数据,高位在前}								0	0	0	0

SPD：速度控制位：1——高速模式（电源电流 1.7mA），0——低速模式（电源电流 0.7mA）。

PWR：电源控制位：1——节电模式（电源电流小于 $1\mu A$）；0——工作模式。

上电后，SPD＝PWR＝0，即通电时默认：低速、工作模式。

寄存器选择位：

R_1	R_0	寄存器
0	0	写数据到 B 通道 DAC 锁存器及缓冲器
0	1	写数据到缓冲器
1	0	写数据到 A 通道 DAC 锁存器,同时将缓冲器的数据送到 B 通道 DAC 锁存器
1	1	备用

如：选择 A 通道输出，高速、工作模式：

D_{15}	D_{14}	D_{13}	D_{12}	D_{11}	D_{10}	D_9	D_8	D_7	D_6	D_5	D_4	D_3	D_2	D_1	D_0
1	1	0	0	\multicolumn{8}{c}{8 位数据,高位在前}								0	0	0	0

同时将缓冲器的数据送到 B 通道 DAC 锁存器，即 B 通道也有输出。

如：选择 B 通道输出，高速、工作模式：

D_{15}	D_{14}	D_{13}	D_{12}	D_{11}	D_{10}	D_9	D_8	D_7	D_6	D_5	D_4	D_3	D_2	D_1	D_0
0	1	0	0	\multicolumn{8}{c}{8 位数据,高位在前}								0	0	0	0

同时将数据写入缓冲器。

如：选择双通道输出，高速、工作模式。

1. 先写 B 通道的数据到缓冲器

D_{15}	D_{14}	D_{13}	D_{12}	D_{11}	D_{10}	D_9	D_8	D_7	D_6	D_5	D_4	D_3	D_2	D_1	D_0
0	1	0	1					B 通道 8 位数据,高位在前				0	0	0	0

此时 B 通道并没有进行数模转换。

2. 写 A 通道数据到 A 通道 DAC 锁存器，同时将缓冲器的数据送到 B 通道 DAC 锁存器

D_{15}	D_{14}	D_{13}	D_{12}	D_{11}	D_{10}	D_9	D_8	D_7	D_6	D_5	D_4	D_3	D_2	D_1	D_0
1	1	0	0					A 通道 8 位数据,高位在前				0	0	0	0

这样就实现了 A、B 通道同时进行数模转换，这在很多场合是必需的。

（三）TLV5625 的时序图

图 7-8 是 TLV5625 的时序图，在片选信号无效（$\overline{CS}=1$）时，数据 DIN、$SCLK$ 可以是任意值（图中用×表示），选信号有效（$\overline{CS}=0$）时，开始串行输入数据，数据的高位（D_{15}）在前，共需要 16 个时钟（$SCLK$ 的下降沿有效），第 16 个 $SCLK$ 的下降沿到来时，即将所有的数据写到 DAC 锁存器的同时，相应的通道就会立即输出模拟电压（即 OUTA 或 OUTB）。

输出模拟电压

$$OUT = 2 \times U_{REF} \times \frac{D}{256}$$

式中　U_{REF}——参考电压；

　　　D——8 位数据（$D_{11} \sim D_4$）

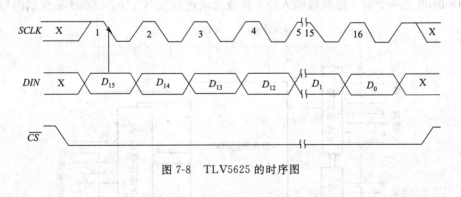

图 7-8　TLV5625 的时序图

第二节　A/D 转换器（ADC）

一、逐次渐近型 ADC

（一）逐次渐近型 ADC 的工作原理

逐次渐近型（或称逐次逼近型）ADC 的工作原理可以用如图 7-9 所示的原理框图来说

明，它由电压比较器 C、DAC、逐次渐近寄存器、时钟信号源和控制逻辑组成。

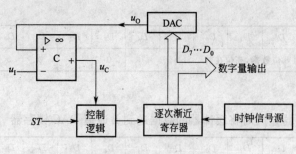

图 7-9　逐次渐近型 ADC 原理图

以 8 位 DAC 为例，转换前（$ST=0$），先将逐次渐近寄存器清零，$ST=1$ 转换开始，其转换过程如下。

第 1 个时钟 CP 将逐次渐近寄存器的最高位（MSB）D_7 置 1，即 10000000。这个数字量经 DAC 转换成相应的模拟电压 u_O，并送电压比较器与输入的模拟信号 u_I 比较。如果 $u_O>u_I$，说明刚才的这个数字过大了，比较器输出 $u_C=1$，下一次比较时，应把 D_7 置 0；如果 $u_O<u_I$，说明刚才的这个数字不够大，比较器输出 $u_C=0$，下一次比较时，应保留 $D_7=1$。第一次比较决定了第二次比较时，D_7 是 1 还 0。

第 2 个 CP 到来时，若 $u_C=0$，保留 $D_7=1$，同时置 $D_6=1$，即将寄存器置为：11000000；若 $u_C=1$，置 $D_7=0$，同时置 $D_6=1$，即将逐次渐近寄存器置为：01000000，再将逐次渐近寄存器的数字（常称为寄存器的内容）即 01000000 或 11000000 送到 DAC 转换成相应的模拟电压并与 u_I 进行比较，其结果也有两个，然后根据这两个结果就决定了第三次比较时 D_6 是 1 还是 0。

就这样逐次比较下去逐次渐近寄存器的数字就越来越接近模拟输入 u_I 所对应的数字量了。直到比较到最低位（LSB）D_0，这时逐次渐近寄存器的数字量就是 u_I 所对应的数字量（当然仍有一定的误差）。

上述的比较过程正如用天平来称一个未知质量的物体所进行的操作一样，而使用的砝码一个比一个的质量少一半。

（二）ADC0809 简介

ADC0809 是一个有 8 路模拟输入的 8 位逐次渐近型 ADC，ADC0809 原理框图如图 7-10

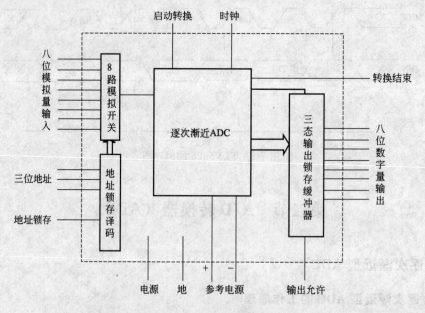

图 7-10　ADC0809 的原理框图

所示，ADC0809 由单一＋5V 供电，片内带有锁存功能的 8 路模拟开关，可对 8 路 0～5V 的输入模拟电压分时进行转换，完成一次转换约需 $100\mu s$，片内具有 8 路模拟开关的地址译码器和锁存电路、逐次渐近 ADC，输出具有 TTL 三态锁存缓冲器，可直接接到单片机的数据总线上。

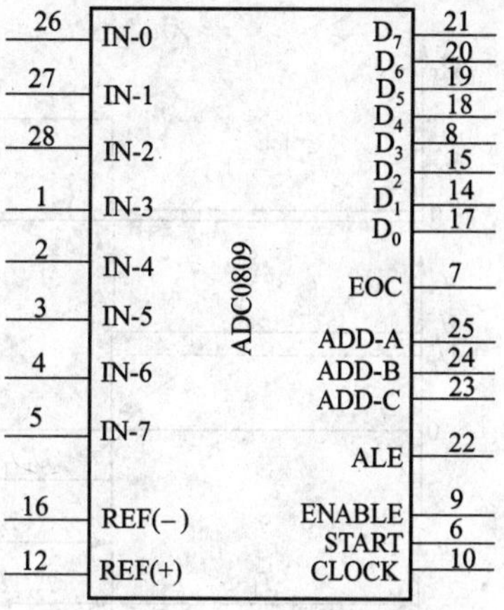

ADC0809 的符号如图 7-11 所示，下面简要介绍各端子的功能。

$IN\text{-}0\sim IN\text{-}7$：8 位模拟量输入端。

$ADD\text{-}C$、$ADD\text{-}B$、$ADD\text{-}A$：地址线，$ADD\text{-}C$ 为最高位。

ALE：地址锁存允许信号输入端。

$START$：A/D 转换启动信号输入端。

图 7-11　ADC0809 的符号

EOC：转换结束信号输出端，开始转换时为低电平，转换结束时为高电平。

REF（＋）：参考（基准）电压正极。

REF（－）：参考（基准）电压负极。

$CLOCK$：时钟信号输入端，时钟频率不应高于 100kHz。

$D_0\sim D_7$：8 位数字输出端。

$ENABLE$：输出允许信号输入端。

二、双积分型 ADC

（一）双积分型 ADC 的工作原理

双积分型 ADC 的工作原理可以用如图 7-12 所示的原理框图来说明，它由积分器、过零比较器、计数器、时钟信号源等组成。为了叙述方便，现以 8 位为例简述其工作原理。图 7-13 是这个电路的电压波形图。

① 转换之前，$S=0$，为 A/D 转换做 4 个准备工作。1 通过 G_2 门使 S_1 闭合，给积分电容放电，积分器的输出 $u_O=0$，比较器的输出 $u_C=1$（$u_O\leqslant 0$ 时，$u_C=1$；$u_O>0$ 时 $u_C=0$）；2 8 位计数器清零。3 定时触发器清零，S_2 合向模拟输入 u_I。4 通过 G_1 门封锁 CP 脉冲。

② 转换开始，$S=1$，1 通过 G_2 门使 S_1 断开，积分器开始积分——第一次积分（C 充

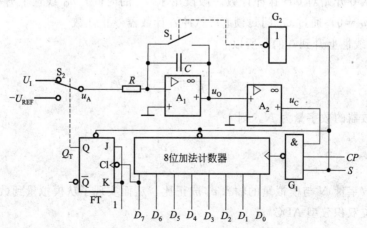

图 7-12　双积分型 ADC 的原理图

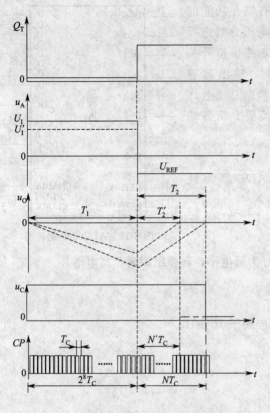

图 7-13　双积分型 ADC 的工作波形

电）。在整个转换过程中 u_I 是不能变化的，设 $u_I>0$，则积分器的输出从开始线性下降，其斜率为：$K_1=\dfrac{-u_I}{RC}$。比较器的输出 $u_C=1$，打开 G_1 门，计数器开始对 CP 脉冲计数，直到计数器计满，即：$D_7\sim D_0$ 全为 1，对应的十进制数是：$2^8-1=255$。也就是说，计了 255 个 CP 脉冲。再来一个 CP 脉冲，计数器自动回到全 0，其中 D_7 由 1 变 0 形成的下降沿使定时触发器 FT 翻转为 1，使 S_2 合向 $-U_{REF}$，到此，第一次积分结束。

第一次积分，共用了 $255+1=256=2^8$ 个 CP 脉冲。设 CP 的周期为 T_C，则第一次积分时间 $T_1=2^8T_C$。这个时间长短与模拟输入 U_I 无关。当计数器的位数、时钟周期一定时，T_1 是一个定值，所以第一次积分又叫定时充电。

由于积分是线性的，所以第一次积分结束时，积分器的输出电压为　$u_O(T_1)=K_1T_1$

即
$$u_O(T_1)=-\frac{u_I}{RC}T_1=-\frac{u_I}{RC}\times2^8T_C$$

③ 第一次积分结束后，S_2 合向 $-U_{REF}$，积分器开始在 $u_O(T_1)$ 的基础上，对 $-U_{REF}$ 积分（C 放电）——第二次积分，因为 $-U_{REF}$ 是一个常量，则积分器的输出从 $u_O(T_1)$ 开始线性上升，其斜率（速度）为　$K_2=\dfrac{U_{REF}}{RC}$，是一个常数，所以第二次积分又叫等速放电。

计数器又从 0 开始对 CP 脉冲计数。假设用了 T_2 的时间，u_O 线性上升到略大于 0 时，比较器的输出 $u_C=0$，通过 G_1 门封锁 CP 脉冲，计数器停止计数。

因为 u_O 是线性上升到 0 的，所以
$$T_2=\frac{0-u_O(T_1)}{K_2}=\frac{u_I}{U_{REF}}T_1$$

设这时计数器的数字量为 N，则
$$N=\frac{T_2}{T_C}=\frac{2^8}{U_{REF}}u_I$$

计数器的数字量 N 与模拟量的输入 u_I 成正比，从而实现了从模拟量到数字量的转换。

推广到 n 位双积分型 ADC
$$N=\frac{T_2}{T_C}=\frac{2^n}{U_{REF}}u_I$$

（二）双积分型 ADC 的特点

1. 对电路的外围元件要求不高

双积分型 ADC 最终转换结果 N 与 T_c、R、C 无关，在实际电路中 R、C 及决定 T_c 的元件都是外接的，通常称其为外围元件，这说明这种 ADC，只要在每次转换过程中 T_c、R、C 不发生变化，就不会影响转换精度，即对电路的外围元件要求不高。

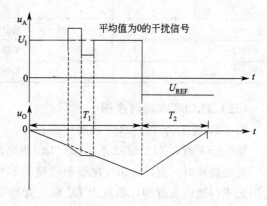

2. 抗干扰能力强

双积分型 ADC 对如图 7-14 所示的平均值为 0 的干扰信号有很强的抑制能力，积分器在受到正向干扰时积分速度加快，受到负向干扰时积分速度变慢，干扰信号消失后，积分器的输出又恢复正常。

图 7-14 抗干扰分析

3. 工作速度低

双积分型 ADC 每完成一次转换要进行两次积分，一般都在几次每秒以内，速度较低。但由于双积分型 ADC 的优点非常突出，所以在对转换速度要求不高的场合（如数字式电压表等）用得非常广泛。

三、串行 ADC 简介

在转换速度要求不太高的情况下，使用串行 ADC 是比较合理的，串行 ADC 具有体积小，功耗低，节省外部资源，特别是总线的宽度（总线的位数）等优点。下面以 8 位串行模数转换器 TLC0832 为例简要介绍串行 ADC。

（一）TLC0832 基本特性

TLC0832 的封装如图 7-15 所示。

TLC0832 是双通道 8 位串行模数转换器，可以通过编程配置为单端输入或差分输入。只有 8 个外部引线端子。

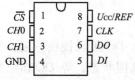

图 7-15 TLC0832 的封装

$\overline{CS}$：片选信号，低电平有效。

$CH0$：0 通道模拟信号输入端，0～5V。

$CH1$：1 通道模拟信号输入端，0～5V。

GND：地。

DI：数字输入端，用来串行输入通道选择等信息。

DO：数字量（即转换结果）的串行输出。

CLK：串行时钟，占空比 40%～60%，频率 10kHz～600kHz。

U_{cc}/REF：电源，+5V，同时也为电路提供参考电源，最大电流为 5mA。

（二）输入通道的配置

输入通道的配置见表 7-1，表中通道地址 $SGL/\overline{DIF}$ 和 $ODD/\overline{EVEN}$ 是在 CLK 上升沿作用下，通过 DI 移入到芯片后，进行输入通道的配置。

差分输入就是将两个模拟信号取差值之后，再进行模数转换。

表 7-1　通道配置

通道地址		通道编号		说　　明
$SGL/\overline{DIF}$	$ODD/\overline{EVEN}$	CH0	CH1	
0	0	+	−	差分输入,通道0:+,通道1:−
0	1	−	+	差分输入,通道0:−,通道1:+
1	0	+		单端输入,选通道0
1	1		+	单端输入,选通道1

（三）TLC0832 的时序图

图 7-16 所示为 TLC0832 的时序图。

当 $\overline{CS}=1$ 时,TLC0832 不工作,DO 为高阻状态,其他输入都不起作用。

开始转换时,置 $\overline{CS}=0$（在整个转换过程中,必须置 $\overline{CS}=0$）,第 1~3 个 CLK 上升沿是用来进行通道配置的,依次由 DI 输入开始位 1（标志）、$SGL/\overline{DIF}$、$ODD/\overline{EVEN}$,第 3 个 CLK 下降沿,输出 DO 由高阻变为 0,通道配置结束后 DI 可以是任意值。第 4~18 个 CLK 下降沿,从 DO 连续两次输出数据（转换结果）,先是高位在前,再是低位在前,第 19 个 CLK 下降沿,输出 DO 变为 0,直到 $\overline{CS}=1$,输出 DO 由 0 变为高阻。

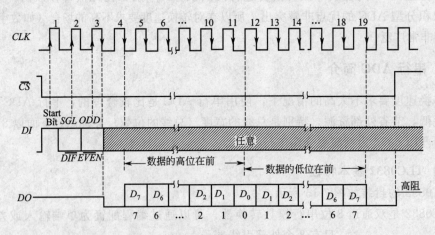

图 7-16　TLC0832 的时序图

完成一次 ADC 至少需要 19 个 CLK 脉冲,在具体使用时,DI、DO 可以接在一起,作为 I/O 口,因为 DI 只有在进行通道配置时起作用,而这时 DO 是高阻状态,等 DO 输出数据时,DI 可以是任意值。

四、ADC 的主要指标

1. 转换精度

ADC 的转换精度也用分辨率（或称解析度）和转换误差来描述。

对于 n 位 ADC 的分辨率就是 $\dfrac{1}{2^n}$,能分辨的最小电压为 $\dfrac{1}{2^n}FSR$（即满量程的 $1/2^n$）。

例如：一个 10 位的 ADC,当最大输入信号为 5V 时,那么这个 ADC 的输出应能区分出来的最小差异为　$5V/2^{10}=4.88mV$。

2. 转换误差

转换误差的描述和 DAC 是一样的，不再重复。

五、模拟信号的采样和保持

完成一次转换 A/D 总是要花一定的时间，这段时间里 ADC 要求模拟信号不能变化。而模拟信号是随时间连续变化的，即数字量不能"实时"反映模拟信号，只能对模拟信号进行采样，这一点很像对生产线上的产品进行抽样检验的过程，所谓保持是为在两次采样之间能给 ADC 提供稳定的输入电压。

采样频率 f_s 越高，其结果（采样电路的输出）就越"真实"地反映原来的信号，但对电路的要求就越高。通常取 $f_s \geqslant 2f_{Imax}$，f_{Imax} 是输入模拟信号中的最高频率分量。

目前，ADC 的转换速度较高，在模拟信号变化比较缓慢时，可以直接转换，而不需要采样-保持电路，也有一些 ADC 内部设有采样－保持电路，使用更加方便。

本 章 小 结

① D/A 转换器以一个倒 T 形电阻网络 DAC 为例，简述了 D/A 的基本概念。

② A/D 转换器分别以逐次渐近型和双积分型 ADC 为例，简述了 A/D 的基本概念。

③ 本章的重点是 DAC、ADC 两个重要的指标（转换精度和转换速度）及典型 D/A、A/D 的应用。

④ 为了提高转换精度，除了选用分辨率较高的 ADC、DAC 外，还要注意以下两点。

● 必须保证电源和参考电源有足够的稳定性。

● 设计印刷电路板时，接地点一定要合理。

在转换速度要求不太高的情况下，使用串行 DAC、ADC 是比较合理的，串行控制具有体积小，功耗低，节省外部资源，特别是总线的宽度（总线的位数）等优点。

习 题

7-1 在图 7-1 所示的倒 T 形电阻网络 DAC 中，已知参考电压 $U_{REF} = -10V$，计算当 $d_3d_2d_1d_0 = 0001$，0010，0100，1000 时，输出电压分别是多少？

7-2 如果希望 DAC 的分辨率优于 0.025%，应选几位的 DAC？

7-3 试画出图题 7-3 所示电路中 u_a、u_O 的波形。假设 RP 已调整到满度输出。

7-4 图题 7-4 是一个增益可调的放大器，u_I 是输入，u_O 是输出，假设 RP 已调整到满度输出，74HC193 是一个四位二进制可逆计数器，表题 7-4 是 74HC193 功能表。

表题 7-4

CLR	$\overline{LOAD}$	UP	DOWN	功能
1	×	×	×	清0
0	0	×	×	置数
0	1	↑	1	加1计数
0	1	1	↑	减1计数

7-5 10 位的逐次渐近 ADC，若时钟信号的频率 $f_{CP} = 1MHz$，试计算完成一次转换所需的时间是多少？

7-6 10 位的双积分 ADC，若时钟信号的频率 $f_{CP} = 1MHz$，试计算最大转换时间是多少？

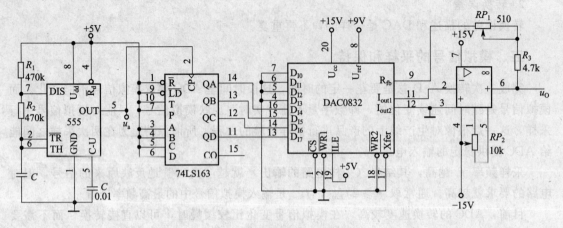

图题 7-3

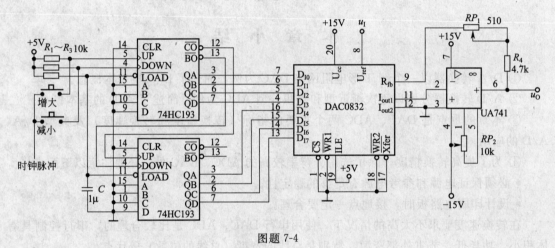

图题 7-4

7-7 模拟信号的最高工作频率为 10kHz，试计算采样频率的下限是多少？完成一次 A/D 所需时间的上限是多少？

第八章

半导体存储器

半导体存储器是一种能存储大量二进制信息的半导体器件。

在计算机以及其他数字系统工作过程中，都需要对大量的数据进行存储。因此，存储器也就成了这些数字系统中不可缺少的组成部分。而半导体存储器具有容量大、体积小、功耗低、存取速度快、使用寿命长等特点。

半导体存储器的种类很多，首先从存、取功能上可以分为只读存储器和随机存储器，还可以依据工艺、速度、容量等来分类。

本章简要介绍存储器的原理，重点介绍各种存储器的特定型号及使用方法。

此外，还讲解存储器的容量扩展方法及用存储器设计组合逻辑电路的概念。

第一节 只读存储器（ROM）

只读存储器（Read-Only Memory，简称 ROM），正常工作时，只能从中读取数据，其优点是电路简单，在断电后数据不会丢失，像个人计算机中的自检程序、初始化程序便是固化在 ROM 中的，在计算机接通电源后，首先运行它，对计算机硬件系统进行自检和初始化，自检通过后，装入操作系统，计算机才能正常工作。

一、掩膜只读存储器

掩膜只读存储器的信息写入必须由芯片制造商完成，它的缺点是，当生产批量小时，成本高，其次是不能更新存储器的内容，若需要更改存储器的内容，只能换新的 ROM。

掩膜 ROM 电路的基本结构如图 8-1 所示。存储矩阵可以由二极管、双极型三极管、MOS 管组成。

图 8-2(a) 所示为二极管 ROM 的原理图。它由一个二线—四线地址译码器和一个 4×4 的二极管存储矩阵组成。A_1、A_0 为地址，$W_0 \sim W_4$ 称为字线。$D_0 \sim D_3$ 为数据输出端，$D_0 \sim D_3$ 又

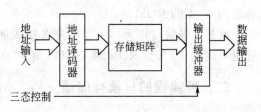

图 8-1 ROM 电路的基本结构

称为位线。输出端的缓冲器一是用来提高带负载能力，二是实现三态控制，可使输出接到数据总线上。

读出数据的过程为：首先给定地址，经过地址译码选中一个字（4 位），再令 $\overline{EN} = 0$，通过缓冲器把数据读出来。

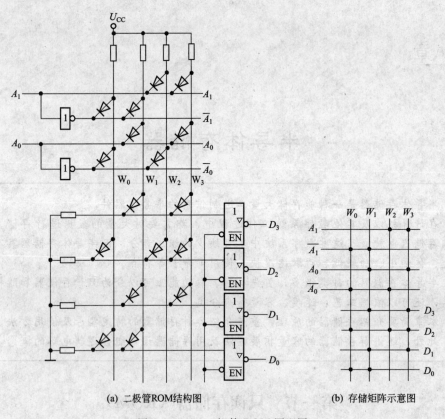

(a) 二极管ROM结构图　　　　　　(b) 存储矩阵示意图

图 8-2　4×4 二极管 ROM 原理图

例如，当地址码 $A_1A_0 = 00$ 时，只有字线 W_0 为高电平，其他字线均为低电平，故只有与字线 W_0 相连接的两个二极管导通，此时，输出 $D_3D_2D_1D_0 = 0101$；同理可知：当 $A_1A_0 = 01$、10、11 时，$W_1 \sim W_3$ 依次为高电平，输出 $D_3D_2D_1D_0$ 依次为 1011、0100 和 1110。由此可见，字线和位线的交叉处接有二极管，存储信息为 1；字线和位线的交叉处没有二极管，存储信息为 0。所以字线与位线的交叉点称为存储元。图 8-2(a) 可用图(b) 的简化阵列图来表示，字线和位线交叉处的圆点"·"代表二极管，表示存储1，没有小圆点的表示存储 0。

常用"字数×位数"表示存储器的容量（即存储单元的数量）。对于图 8-2 来说是存储容量为 4×4 的 ROM。

既然二极管可作为一个受控开关组成固定 ROM，同样，用双极型晶体三极管和 MOS 管也可组成 TTL 型 ROM 和 CMOS 型 ROM，它们的工作原理与二极管 ROM 相似。

二、可编程的只读存储器（PROM）

在开发数字电路新产品的过程中，设计人员经常要修改程序或数据，又出现了可编程 ROM，使只读存储器的使用更灵活、方便，通用性更强，较好地满足了电子技术发展的需要。

可编程只读存储器是一种用户可直接向芯片写入信息的存储器，这样的 ROM 称为可编程 ROM，简称 PROM。向芯片写入信息的过程称为对存储器芯片编程。

PROM 的总体结构与掩膜 ROM 一样，不过在出厂时已经在存储矩阵的所有交点上全部制作了存储元件（以双极型三极管为例），即相当于全部存储的是 1。

（一）一次性可编程只读存储器（OTPROM）

OTPROM 存储单元的结构如图 8-3 所示，三极管的发射极串接了一个熔丝（又叫熔丝型 PROM），在编程前（即出厂时），全部熔丝都是连通的，所有存储单元都相当于存储了 1。用户编程时，只需按自己的要求，借助于编程工具，将需要存储 0 的熔丝烧断即可。熔丝烧断后，便不可恢复，故这种可编程的存储器只能进行一次编程。

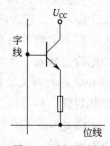

图 8-3　OTPROM
存储单元的结构

（二）可擦除的可编程只读存储器（EPROM）

由于 OTPROM 只能进行一次编程，所以万一出错，芯片只有报废，这使用户承担了一定的风险。可改写可编程只读存储器克服了这个缺点，它允许对芯片进行反复改写，即可以把写入的信息擦除，然后再重新写入信息。芯片写入信息后，在使用时，仍然是只读出，不再写入。因此这种芯片用于开发新产品，或对设计进行修改都是很方便、经济的，并且降低了用户的风险。

1. 紫外线擦除（UVEPROM）

紫外线擦除的只读存储器（Ultra-Violet Erasable Programmable ROM 称为 UVEPROM，又简称为 EPROM）。它的存储单元结构是用一个特殊 MOS 管，将它置于专用的紫外擦除器中受强紫外光照射（10min 左右）后，存储单元的信息从 0 变成 1。再用专用的编程器，在需要写 0 的单元通入一幅度较大的编程脉冲，将 1 改写成 0。

这种电写入、紫外擦除的只读存储器芯片上的石英窗口，就是供紫外线擦除芯片用的。在向 EPROM 芯片写入信息后，一定要用不透光胶纸将石英窗口密封，以免破坏芯片内的信息。芯片写好后，数据可保持 10 年左右。

表 8-1 给出了常用 EPROM 的型号和容量，型号中的"C"表示采用了 CMOS 工艺，如没有"C"则表示采用了 BJT（双极型三极管）工艺，现已较少使用。容量可以用"位"（Bit）：存储单元的个数来表示。对于有 8 位并行输出的存储器，也可以用字节来表示，8 位是一个字节。

表 8-1　常用 EPROM 的型号和容量

型　　号		27C64	27C128	27C256	27C512	27C010	27C020
容量	位	64K	128K	256K	512K	1M	2M
	字节	8	16	32	64	128	512

计算容量时常把 $2^{10}=1024$ 称为 1K，这里的"K"不是正好"1000"，同理，$1M=1K\times1K=1024\times1024=1028576\neq10^6$。

图 8-4 是 EPROM27C256 的符号图。

地址线（输入）：$A_{14}\sim A_0$ 共 15 条。

数据线：$D_8\sim D_1$，正常工作时为数据输出端，编程时为写入数据输入端。

控制线（输入）：$\overline{E}$ 片选端。无论读还是写，工作时加低电平。

$\overline{G}/U_{PP}$：输出使能端/编程电源输入端。

地址码的位数决定了存储器的容量，对于有 8 位并行输出的存储器，由地址码位数算出的存储容量是以字为单位的。对于 27C256 有 $A_{14} \sim A_0$ 共 15 条地址线，它的容量为 $2^{15} =$ $2^{10} \times 2^5 = 1K \times 32 = 32K$ 字，折算成"位"：$32K \times 8 = 256K$。

2. 电擦除的只读存储器（EEPROM）

电擦除的只读存储器，称为 EEPROM（Electrically Erasable Programmable ROM 简称 EEPROM）。它的特点是可以在计算机系统中进行在线修改（擦除和编程），从而实现电写入信息和电擦除信息。EEPROM 可以对存储单元逐个擦除改写，因此它的擦除与改写可以边擦除边写入一次完成，速度比 EPROM 快得多，可重复改写的次数也比 EPROM 多，EEPROM 芯片写入数据后，可保持 10 年以上时间。自从 EEPROM 问世以来，在智能仪表、控制装置、终端机、开发装置等各种领域受到极大的重视。

图 8-5 是 EEPROM2817A 的符号图，$A_0 \sim A_{10}$：地址线；$D_0 \sim D_7$：双向数据线；$\overline{CE}$：片选端；$\overline{OE}$：输出使能；$\overline{WE}$：写入使能；$RDY/\overline{BUSY}$（漏极开路输出）：器件忙、闲状态指示。2817A 的工作方式如表 8-2 所示。

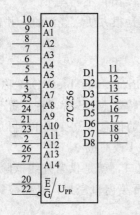

图 8-4　27C256 的符号图　　　　图 8-5　EEPROM2817A 的符号图

表 8-2　2817A 的工作方式

方式	$\overline{CE}$	$\overline{OE}$	$\overline{WE}$	$RDY/\overline{BUSY}$	$D_0 \sim D_7$
维持	1	任意	任意	高阻	高阻
读	0	0	1	高阻（闲）	输出
写	0	1	0	0	输入

3. 快闪存储器（Flash Memory）

快闪存储器继承了 EEPROM 的优点，它的写入电压更低、容量更大、速度更快、工艺更先进、成本更低，目前已有 64M 位的产品面市，它很有可能是磁性存储器（如计算机的软盘和硬盘等）的替代产品。目前主要产品有 AT29C010（1M 位，128K 字）、AT29C020 等。

第二节　随机存储器（RAM）

随机存储器又叫随机读/取存储器，简称 RAM。用于存放一些临时性的数据或中间结果，需要经常改变存储内容。在 RAM 工作时可以随时从任何一个指定存储单元读出数据，也可以随时将数据写入任何一个指定存储单元。这种存储器断电后，数据将全部丢失，如计算机中的内存，就是这一类存储器。

一、随机存储器基本原理

RAM 通常由存储器矩阵、地址译码器和读/写控制电路组成，如图 8-6 所示，存储矩阵由许多个存储单元排列而成。每个存储单元可以存储一位二进制数（1 或 0）。存储器中存储单元的数量又称为存储容量，一般是 4 个（4 位）或 8 个（8 位）存储单元为一组，用一个地址。图中的双向箭头表示一组（即并行的）可双向传输的数据线。

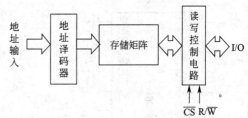

图 8-6　RAM 的结构

在给定地址码后，经地址译码，便被选中存储单元（4 位或 8 位），这些被选中的存储单元由读、写控制电路控制，实现对这些单元的读或写操作。

当 $R/\overline{W}=1$ 时，进行读出数据操作，当 $R/\overline{W}=0$，进行写入数据操作。当然，在进行读、写操作时，片选信号必须为有效电平，即 $\overline{CS}=0$。

RAM 又分为静态随机存储器 SRAM 和动态随机存储器 DRAM 两大类。

SRAM 的存储单元是在静态触发器的基础上附加门电路而构成的。因此，它是靠触发器的保持功能存储数据的。静态触发器有 CMOS 工艺和双极型工艺两种。

双极型存储单元的工作速度快，但工艺复杂、功耗大、成本高，仅用于工作速度要求较高的场合，如计算机的高速缓冲存储器。CMOS 型存储单元具有微功耗、集成度高的特点，尤其在大容量存储器中，这一特点越发具有优势，因此大容量静态存储器都采用 CMOS 型的存储单元。

SRAM 的存储单元是由静态触发器构成的，每个静态触发器至少由两个 CMOS 管或双极型三极管组成。而 DRAM 的每个动态存储单元只用一个 CMOS 管，因而集成度更高、容量更大。

DRAM 的数据以电荷形式存储在电容上。但电容上的电荷不可能长时间维持，尤其是在读数据时对电容上的电压影响更大。这就必须附加读出放大器和一个称为灵敏恢复的特殊电路，用来放大读出的信号，同时恢复原存储单元的信号。

动态存储单元电路结构简单、集成度高，所以常用于大容量的随机存取的存储器中。

二、典型随机存储器

（一）常用集成静态存储器的型号和容量

表 8-3 是常用集成静态存储器的型号和容量。

型号中的"C"表示采用了 CMOS 工艺，如没有"C"则表示采用了 BJT（双极型三极管）工艺，现已较少使用。

表 8-3　常用集成静态存储器的型号和容量

型号	62C16	62C64	62C256	62C010
容量	2K×8	8K×8	32K×8	128K×8

（二）集成静态存储器 62C64

62C64 的符号如图 8-7 所示，工作方式的控制见表 8-4。

$A_0 \sim A_{12}$ 为 13 条地址线，容量为：$2^{13} = 2^{10} \times 2^3 = 1024 \times 8 = 8K$（字）。$D_0 \sim D_7$ 为 8 位双向数据线。有两个片选控：$\overline{CS1}$ 为低电平有效，$CS2$ 为高电平有效。$\overline{WE}$ 为写控制，$\overline{OE}$ 为数据读出控制。

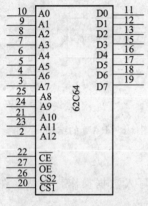

图 8-7　62C64 的符号图

表 8-4　62C64 工作方式的控制

工作方式	条　件				说　明
	$\overline{CS1}$	$CS2$	$\overline{WE}$	$\overline{OE}$	$D_7 \sim D_0$
读出数据	0	1	1	0	输出
写入数据	0	1	0	1	输入
低耗维持	×	0	×	×	高阻
	1	×	×	×	

（三）非易失的 SRAM

非易失 SRAM 是将 SRAM 和长效锂电池封装在一起，工作时锂电池充电，断电后由内部的供电维持 SRAM 中的数据达十年之久，具有所谓"使用时具有 SRAM 的方便，断电时具有 EPROM 的不变"的特点。

目前，不同的生产厂家，命名方法也不同，但它和同容量的 SRAM 的端子兼容，这一点是肯定的。

三、X25043/45 芯片简介

（一）X25043/45 基本特性

X25043/45 将 EEPROM、看门狗定时器、电压监控三种功能组合在单个芯片之内，大大简化了硬件设计，提高了系统的可靠性，减少了对印制电路板的空间要求，降低了成本和系统功耗，是一种理想的单片机外围芯片，广泛应用于存取速度要求不高、数据量不大的智能仪器仪表、电视等家电中，如电视机的频道、音量等参数。

X25043/45 的存储器是 CMOS 的 4096 位串行 EEPROM（或称 $E^2 PROM$），按 512×8 来组织，即 512 个字节（有 9 位地址：$A_9 \sim A_0$），接口采用 SPI 结构，存储时间达 100 年，可写 100000 次。

工控系统在运行时，通常都会遇到各种各样的现场干扰，抗干扰能力是衡量工控系统性能的一个重要指标。X25043/45 的看门狗（Watchdog）电路是自行监测系统运行的重要保证，几乎所有的工控系统都包含看门狗电路。

X25043/45 的电压监控，在电源上电、电源电压降低到一定程度会产生一个复位信号，它可以使系统免受电源不稳定带来的影响。

电压监控、看门狗电路在有微处理器的系统中尤为重要，以下着重介绍 X25043/45 的存储器的读写过程。

（二）X25043/45 的引线端子说明

X25045 引线端子如图 8-8 所示。

SO：串行数据输出，在一个读操作的过程中，数据从 *SO* 移位输出。在时钟的下降沿时数据改变。

SI：串行数据输入，所有的操作码、字节地址和数据从 *SI* 写入，在时钟的上升沿时数据被锁定。

SCK：串行时钟，最高频率 1MHz，控制总线上数据输入和输出的时序。

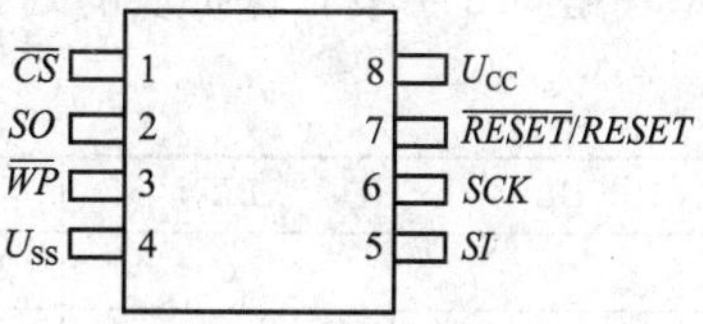

$\overline{CS}$：芯片使能信号，当其为高电平时，芯片不被选

```
      ┌─────────┐
 CS ─┤1       8├─ Ucc
 SO ─┤2       7├─ RESET/RESET
 WP ─┤3       6├─ SCK
 Uss─┤4       5├─ SI
      └─────────┘
```

图 8-8　X25045 引线端子

择，SO 端为高阻态，除非一个内部的写操作正在进行，否则芯片处于待机模式；当引线端子为低电平时，芯片处于活动模式，在上电后，在任何操作之前需要 $\overline{CS}$ 引线端子的一个从高电平到低电平的跳变。

$\overline{WP}$：当 $\overline{WP}$ 引线端子为低时，芯片禁止写入，但是其他的功能正常。当 $\overline{WP}$ 引线端子为高电平时，所有的功能都正常。$\overline{WP}$ 的另一个功能是配合其他引线端子可以修改电压监控的电压值。这一功能很少使用。

U_{CC}：电源，2.7～5.5V。

U_{SS}：地。

$\overline{RESET}/RESET$：复位输出（OD 结构，需接上拉电阻，典型值为 4.7kΩ），X25043 低电平有效，X25045 高电平有效。

（三）工作原理

1. 指令表

X25043/45 执行任何操作必须先写指令，表 8-5 是 X25043/45 的指令表。

表 8-5　X25043/45 的指令表

指令名	指令格式	操作说明
写使能	00000110	写允许指令，在执行写操作之前必须先执行
写禁止	00000100	禁止写指令
读状态寄存器	00000101	
写状态寄存器	00000001	
读数据	0000A₈011	A_8 是存储器的第 9 位（最高位）地址，在这两条指令后，还要跟读写的低 8 位地址
写数据	0000A₈010	

2. X25045 状态寄存器

X25043/45 的状态寄存器格式

D_7	D_6	D_5	D_4	D_3	D_2	D_1	D_0
X	X	WD_1	WD_0	BL_1	BL_0	WEL	WIP

X25043/45 状态寄存器共有 6 位有含义。

WD_1、WD_0 用于看门狗电路的预置时间，预置时间见表 8-6。

表 8-6　预置时间

WD_1	WD_0	预置时间	WD_1	WD_0	预置时间
0	0	1.4s	1	0	0.2s
0	1	0.6s	1	1	禁止看门狗工作

当$\overline{CS}$为高电平时，看门狗定时器复位；$\overline{CS}$为低电平时，看门狗定时器工作，达到预置时间时，在$RESET/\overline{RESET}$输出复位信号。

BL_1、BL_0用于E^2PROM的块保护（不能进行写操作，只能读），512字节分为4块，每块是128字节，保护块的划分见表8-7。

表8-7　保护块的划分

BL_1	BL_0	保护范围
0	0	无保护，所有512字节全部都可以进行写操作
0	1	180H～1FFH，最后128字节被保护
1	0	100H～1FFH，最后256字节被保护
1	1	000H～1FFH，512字节全部被保护

WEL、WIP是只读的，$WEL=1$表示X25043/45"正在忙"，即正在进行写操作，$WEL=0$表示X25043/45"空闲"；WIP由"写使能指令"置1，表示X25043/45可以进行写，当执行完"写禁止指令"或写数据结束后自动复位（置0）。

3. 读时序

X25043/45的读数据指令时序如图8-9所示，先置$\overline{CS}=0$，再发读数据指令：0000$A_8$011，A_8是存储器的第9位（最高位）地址，紧接着是储器的低8位（$A_7\sim A_0$）地址，需要16

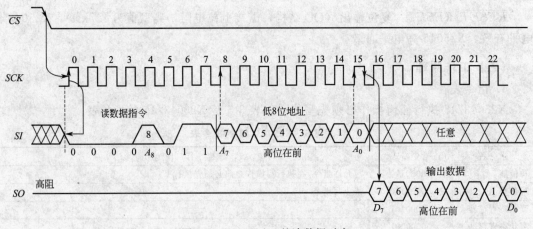

图8-9　X25043/45的读数据时序

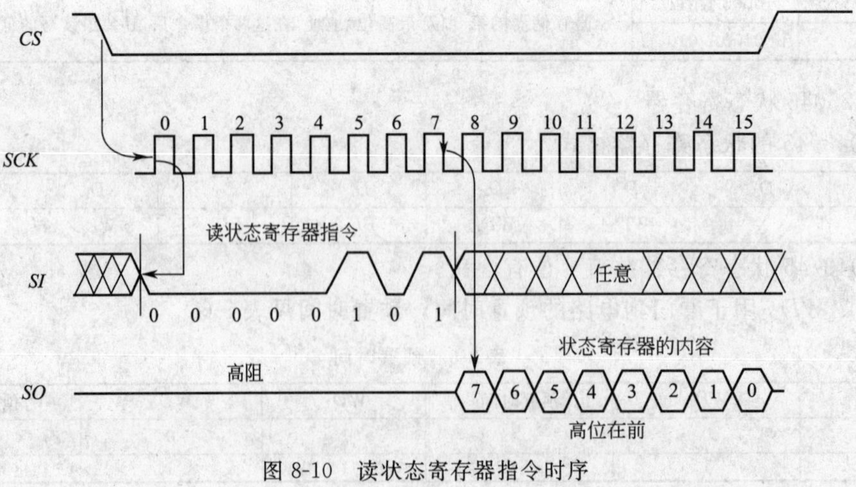

图8-10　读状态寄存器指令时序

个（0～15）时钟（上升沿），然后再需要 8 个（15～22）时钟（下降沿）就在 D_0 引线端子上依次输出一个字节，高位在前，如果保持 $\overline{CS}=0$，地址会自动递增，就使得读操作无限地进行下去。

X25043/4 的读状态寄存器指令时序如图 8-10 所示，先置 $\overline{CS}=0$，再发读状态寄存器指令：00000101，需要 8 个时钟（上升沿），然后再需要 8 个时钟（下降沿）就在 D_0 引线端子上依次输出状态寄存器内容，高位在前。

4. 写时序

对 X25043/45 写数据之前必须先进行写使能操作，再写数据。

X25043/45 的写使能指令时序如图 8-11 所示，先置 $\overline{CS}=0$，再发写使能指令：000000110，需要 8 个时钟（上升沿），之后必须再置 $\overline{CS}=1$。

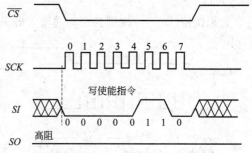

图 8-11　X25043/45 的写使能指令时序

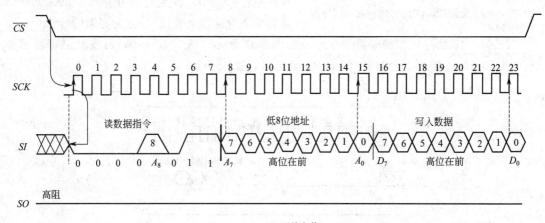

(a) 写单字节

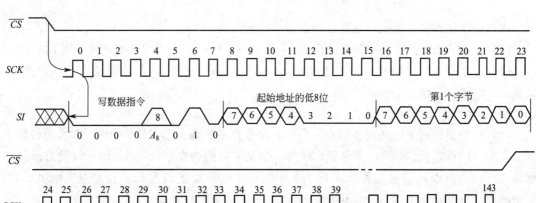

(b) 写整页

图 8-12　X25043/45 的写数据时序

X25043/45 的写数据时序如图 8-12 所示，先置 $\overline{CS}=0$，再发写数据指令：$0000A_8011$，A_8 是存储器的第 9 位（最高位）地址，紧接着是存储器的低 8 位（$A_7 \sim A_0$）地址，需要 16 个（$0 \sim 15$）时钟（上升沿），然后再需要 8 个（$16 \sim 23$）时钟（上升沿）就写入一个字节，高位在前，图 8-12(a) 是写单字节的时序图共需要 24 个（$0 \sim 23$）时钟（上升沿），之后将置 $\overline{CS}=1$。

如果保持 $\overline{CS}=0$，地址会自动递增，最多可连续写 16 个字节，唯一的限制是这 16 个字节必须在同一页（X XXXX0000B ～ X XXXX1111B 的连续 16 个字节称为 1 页，"页"不是数据量的标准单位，因器件不同而异），图 8-12（b）是写整页的时序图，共需要 144 个（$0 \sim 143$）时钟（上升沿），图 8-12（b）的 SO 未画出，它一直是高阻。

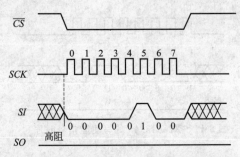

图 8-13　X25043/45 的写禁止指令时序

X25043/45 的写禁止指令时序如图 8-13 所示，先置 $\overline{CS}=0$，再发写禁止指令：000000100，需要 8 个时钟（上升沿），之后将置 $\overline{CS}=1$。

X25043/45 的写状态寄存器指令时序如图 8-14 所示，先置 $\overline{CS}=0$，再发状态寄存器指令：000000100，需要 8 个时钟（上升沿），之后将置 $\overline{CS}=1$。

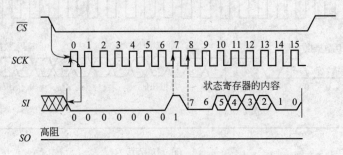

图 8-14　写状态寄存器指令时序

状态寄存器的内容格式，前面已经讲过，不再重复。

【例 8-1】　在 X4045 的 153H（即 $A_8A_7A_6A_5A_4A_3A_2A_1A_0 = 101010011$）开始的单元（地址），连续写入 3 个数据（十六进制数）：55H，AAH，77H，然后再读出这几个数据，试画出时序图。

解

(1) 写数据的时序图如图 8-15(a) 所示，写数据的步骤：①先置 $\overline{CS}=0$；②发写使能指令：00000110；③置 $\overline{CS}=1$；④再置 $\overline{CS}=0$；⑤发写数据指令：$0000A_8010$，依题意最高位地址 $A_8=1$，所以，写使能指令实际为：00001010；⑥紧接着发低 8 位地址：01010011，⑦写数据（以二进制表示）：01010101，10101010，01110111；⑧置 $\overline{CS}=1$。

(2) 读数据的时序图如图 8-15(b) 所示，读数据的步骤：①先置 $\overline{CS}=0$；②③发写数据指令：$0000A_8011$，依题意最高位地址 $A_8=1$，所以，写使能指令实际为：00001011；④紧接着发低 8 位地址；01010011；⑤在 24 个（$15 \sim 38$）脉冲（下降沿）数据送到输出端（以二进制表示）：01010101，10101010，01110111，0000111；⑥置 $\overline{CS}=1$。

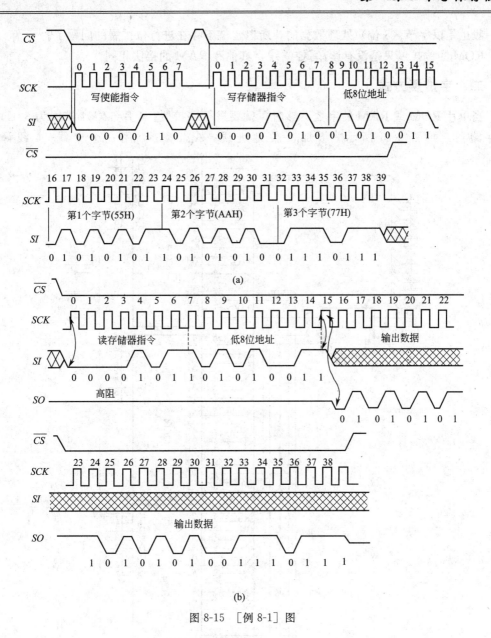

图 8-15　[例 8-1] 图

第三节　存储器容量扩展

当单片 ROM 或 RAM 不能满足存储容量的要求时，就需要把若干片 ROM 或 RAM 进行组合，扩展成大容量存储器。容量扩展分为位扩展和字扩展，也可以位、字同时扩展以满足存储容量的要求。

一、位扩展方式

当单片 ROM 或 RAM 的位数不够时，就要进行位扩展。位扩展就是把两片相同 RAM 的地址、片选线、读/写控制线并接在一起，每片的数据线并行输出，这样两片 RAM 就可以同时读/写，从而实现了位扩展。由于目前的并行存储器都是 8 位的，而数字系统、计算机一般也是以字节（8 位）处理数据的，所以也就不存在进行位扩展的问题了。

ROM 的位扩展只是没有读/写控制线，其他和 RAM 的接法相同。

二、字扩展方式

当单片 ROM 或 RAM 的字数不够时，就要进行字扩展。4 片 62C64 扩展为 32K×8 位的存储器，如图 8-16 所示。增加 2 位地址线：A_{13}、A_{14}，用一个 2 线—4 线译码器

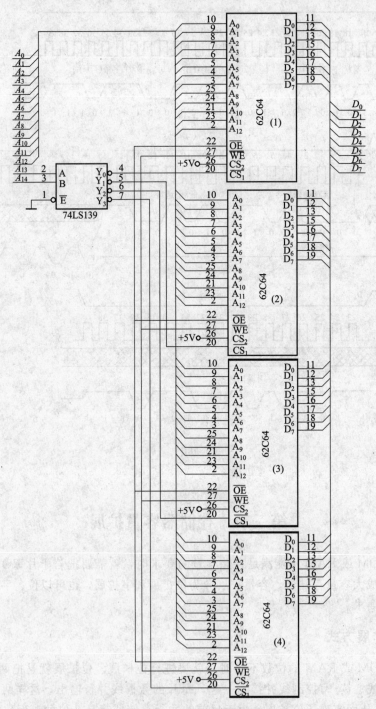

图 8-16 62C64 的扩展图

74LS139，实现片选，将译码器的 4 个输出分别控制 4 片 62C64 的片选端。把地址线 $A_0 \sim A_7$ 并接起来，把读/写控制线也都接在一起，数据线直接并入数据总线，其数据不会发生冲突，只有被选中的一片使用总线。各片 RAM 的地址分配见表 8-8。

表 8-8　图 8-16 各片 RAM 的地址分配

编号	扩展地址		片选信号				地址范围		
	A_{14}	A_{13}	$\overline{Y_0}$	$\overline{Y_1}$	$\overline{Y_2}$	$\overline{Y_3}$	$A_{14}\ A_{13}\ A_{12}\cdots\cdots\cdots A_0 \sim A_{14}\ A_{13}\ A_{12}\cdots\cdots\cdots A_0$		十六进制
1	0	0	0	1	1	1	0　0　0000000000000　$\sim$　0　0　1111111111111		0000～1FFF
2	0	1	1	0	1	1	0　1　0000000000000　$\sim$　0　1　1111111111111		2000～3FFF
3	1	0	1	1	0	1	1　0　0000000000000　$\sim$　1　0　1111111111111		4000～5FFF
4	1	1	1	1	1	0	1　1　0000000000000　$\sim$　1　1　1111111111111		6000～7FFF

本 章 小 结

半导体存储器的种类很多，首先从存、取功能上可以分为只读存储器 ROM 和随机存储器 RAM。

半导体存储器是由许多存储单元组成的，每个存储单元可存储一位二进制数 0 或 1。

只读存储器 ROM 用于存放固定不变的数据，存储内容不能随意改写。工作时，只能根据地址码读出数据。ROM 工作可靠，断电后数据不会丢失。只读存储器有固定 ROM（又称掩模 ROM）和 PROM（可编程），固定 ROM 由制造商在制造芯片时，用掩模技术向芯片写入数据，而 PROM 则由用户向芯片写入数据。PROM 中又分为 OTPROM（一次可编程的）和 EPROM（可重复改写）。EPROM 为电写入紫外线擦除型，EEPROM 为电写入电擦除型，后者比前者快捷方便。可编程 ROM 都要用专用的编程器对芯片进行编程。

随机存取存储器 RAM 由存储矩阵、地址译码器和读/写控制电路三部分组成。它可以随时读出数据或改写存储的数据，并且读/写数据的速度很快，因此，RAM 多用于需要经常更换数据的场合，最典型的应用就是计算机中的内存。但 RAM 在断电后，数据将全部丢失。

单片存储芯片的容量往往较小，实际使用时，都要进行容量的扩展（分位扩展和字扩展），用扩展的方法，可以将多片小容量的 RAM 组成一个大容量的存储器。

随机存取存储器 RAM 分静态 RAM 和动态 RAM。静态 RAM 的存储单元为触发器，工作时不需刷新，但存储容量较小。动态 RAM 的存储单元是利用 CMOS 管具有极高的输入电阻的特点，在栅极电容上可暂存电荷来存储信息的，由于栅极电容存在漏电，因此，工作时需要周期性地对存储数据进行刷新。动态 RAM 元件少、占用硅片面积小、功耗低、集成度高，常用于大容量存储器。

串行存储器广泛应用于存取速度要求不高、数据量不大的智能仪器仪表、电视等，如电视机的频道、音量等参数。简化了硬件设计，提高了系统的可靠性，减少了对印制电路板的空间要求，降低了成本和系统功耗，是一种理想的单片机外围芯片。

习　　题

8-1　ROM 主要由哪几部分组成？

8-2 试比较 ROM、PROM 和 EPROM 及 EEPROM 有哪些异同？

8-3 PROM、EPROM 和 EEPROM 在使用上有哪些优缺点？

8-4 RAM 主要由哪几部分组成？各有什么作用？

8-5 静态 RAM 和动态 RAM 有哪些区别？

8-6 RAM 和 ROM 有什么区别？它们各适用于什么场合？

8-7 试用 ROM 实现下列组合逻辑函数〔提示：参考图 8-2(b) 的简化阵列图，地址线作为输入变量 A、B、C、D，数据线作为输出函数〕。

$$Y_1 = \overline{A}\,\overline{B}\,\overline{C} + ABC + \overline{A}B\overline{C}$$

$$Y_2 = \overline{A}\,\overline{B}\,\overline{C}D + ABC\overline{D} + \overline{A}BCD$$

$$Y_3 = A\overline{B}\,\overline{C}D + \overline{A}BCD + \overline{A}B\,\overline{C}D$$

$$Y_4 = ABCD + AB\overline{C}\,\overline{D} + AB\overline{C}D + \overline{A}B\,\overline{C}\,\overline{D}$$

8-8 试画出用 1024×4 位的 RAM 扩展成 4096×4 位的 RAM 接线示意图。

8-9 在 X4045 的 0F0H（即 $A_8A_7A_6A_5A_4A_3A_2A_1A_0 = 01110000$）开始的单元（地址），连续写入 3 个数据（十六进制数）：0FH，88H，11H，然后再读出这几个数据，试画出时序图。

第九章

可编程逻辑器件

前面几章讲到的中、小规模的集成电路都属于通用数字电路。其逻辑功能比较简单，且是固定的，具有很强的通用性。从理论上讲，用这些通用数字电路可以实现任何复杂的数字系统，但是，适用的集成电路越多，系统的功耗就越大、可靠性就越差且不利于系统的小型化。

为专门用途而设计的集成电路叫专用集成电路（Appliction Specific Integrated Circuit 简称 ASIC），它是将一个数字系统做在一片大规模集成电路上，这样不仅可以减小体积、功耗，而且会使系统的可靠性大大提高。但是，用量较少时，其设计、研制周期较长、开发费用很高，这是一个很大的矛盾。

可编程逻辑器件（Programmabel Logic Device 简称 PLD）的研制成功为解决这个矛盾提供了一条比较理想的途径。PLD 虽然是作为一种通用器件生产的，但它的逻辑功能是由用户通过编程来确定的。而且它的集成度很高，足以满足设计一般数字系统的需要。

目前适用最多的 PLD 产品主要有可编程阵列逻辑 PAL（Programmabel Array Logic 的缩写）、通用阵列逻辑 GAL（Generic Array Logic 的缩写）和在系统可编程器件 ISP-PLD（In-System Programmabel PLD 的简称）。

第一节　可编程阵列逻辑（PAL）

为了便于画图，在这一章里采用图 9-1 中所示的逻辑图形符号，这也是国际、国内的通行画法。其中图(a) 表示多输入端的**与门**，图(b) 是**与门**输出恒为 0 时的画法，图(c) 表示多输入端的**或门**，图 (d) 表示互补输出的缓冲器，图(e) 表示三态输出的缓冲器。图中接点处的"×"表示可编程接点，"·"表示固定接点。

PAL 器件由可编程的**与**阵列、固定的**或**阵列和输出三部分组成。通过对**与**阵列的编程和**或**阵列配合可以获得不同形式的组合逻辑函数。另外，在有些型号的 PAL 器件中，输出电路中设置有触

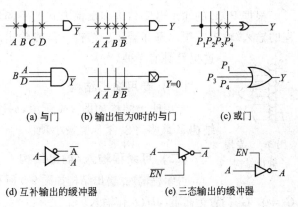

(a) 与门　(b) 输出恒为0时的与门　(c) 或门

(d) 互补输出的缓冲器　　(e) 三态输出的缓冲器

图 9-1　PLD 电路中门电路的习惯画法

发器和从触发器输出到与阵列的反馈线，利用这种 PAL 可以很方便地构成各种时序电路。PAL 有采用双极型熔丝工艺（属于一次性可编程器件）或采用 CMOS 的可擦除的编程单元。

一、PAL 的基本电路结构

图 9-2 所示电路是 PAL 器件中最简单的一种电路结构形式，它包括一个可编程的**与**阵列和一个固定的**或**阵列，还设有附加其他的输出电路。

在编程之前，**与**阵列的所有交叉点均有熔丝接通，如图 9-2 所示。编程就是将有用的熔丝保留，将无用的熔丝熔断。图 9-3 是经过编程的一个 PAL 器件的结构图。它所实现的逻辑函数为：

$$\begin{cases} Y_1 = I_1 I_2 I_3 + I_2 I_3 I_4 + I_1 I_3 I_4 + I_1 I_2 \\ Y_2 = \overline{I_1}\,\overline{I_2} + \overline{I_2}\,\overline{I_3} + \overline{I_3}\,\overline{I_4} + \overline{I_4}\,\overline{I_1} \\ Y_3 = I_1 \overline{I_2} + \overline{I_1} I_2 \\ Y_4 = I_1 I_2 + \overline{I_1}\,\overline{I_2} \end{cases}$$

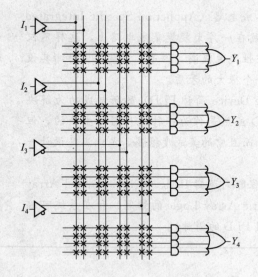

图 9-2　PAL 器件的基本电路结构

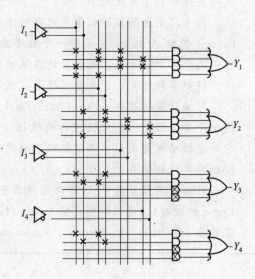

图 9-3　编程后的 PAL 电路

二、PAL 的几种输出电路结构

根据 PAL 的输出电路结构和反馈方式的不同，可将它们大致分为专用输出结构、可编程的输入/输出结构、寄存器输出结构、**异或**输出结构、运算选通反馈结构等几种形式。在这里只讲前三种。

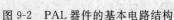

图 9-4　专用
输出结构

（一）专用输出结构

专用输出结构如图 9-4 所示，只能用来产生组合逻辑函数，图 9-4 所示的结构 Y 最多可以含 8 个最小项。

（二）可编程输入/输出结构

可编程输入/输出结构如图 9-5 所示。当 $C_1 = 1$，G_1 门使能，I/O_1 作输出；当 $C_2 = 0$，G_2 门置为高阻，I/O_2 作输入。

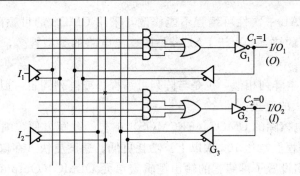

图 9-5 可编程的输入/输出结构

（三）寄存器输出结构

寄存器输出结构如图 9-6 所示，$D_1 = I_1$，$D_2 = Q_1^n$，因此两个触发器和**与或**逻辑阵列一起组成了移位寄存器。

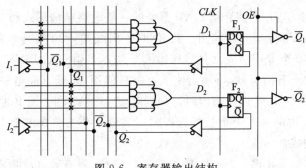

图 9-6 寄存器输出结构

三、PAL 器件的型号

PAL 的型号很多，图 9-7 所示为 PAL 器件型号及主要编码的意义。

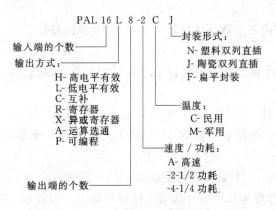

图 9-7 PAL 器件型号及主要编码的意义

第二节 通用阵列逻辑（GAL）

一、GAL 和 PAL 的比较

PAL 器件的出现为数字电路的研制工作和小批量产品的生产提供了很大的方便。但是，双极型熔丝工艺的 PAL 一次性可编程不能修改，采用 CMOS 的可擦除的编程单元的 PAL 虽然克服了不可改写的缺点，由于 PAL 器件的输出电路的类型繁多，仍给设计和使用带来一些不便。

GAL 和 PAL 基本阵列相似，也是**与**阵列可编程、**或**阵列固定，但其结构、工艺、性能与 PAL 相比有了很大的改进。

GAL 器件采用电擦除的 CMOS（EECMOS）工艺。改写方便，编程速度高，只需几毫秒即可完成，重复编程次数达 100 次以上。功耗更低、速度更快（存取速度为：12～15ns）。

GAL 器件的输出设置了可编程的输出逻辑宏单元 OLMC（Output Logic Macro Cell 的缩写），通过对 OLMC 编程，将实现不同的工作方式，这样就可以用同一种型号的 GAL 器件实现 PAL 器件所有的各种输出电路工作模式，从而增强了器件的通用性。

二、GAL 的电路结构

现以常用的 GAL16V8 为例介绍 GAL 器件的一般电路结构形式和工作原理。

图 9-8 是 GAL16V8 的电路结构图。共有 20 个引线端，20 端为电源（+5V），10 端为地。1～9、11 端是 10 个专用输入（只能作输入）端，当用 GAL16V8 实现时序电路时，时钟输入只能用 1 端（上升沿有效），输出使能控制只能用 11 端（高电平有效），有 8 个逻辑宏单元 OLMC（12～19），它们作输出时，分别对应 12～19 端。图 9-9 给出了 OLMC（13）及相关电路。OLMC 内部由若干个数据选择器（实现工作方式的选择）和一个触发器（用来实现时序电路）构成。

OLMC（13）作为输出时，"输入/输出控制"将 G_2 置有效（反相驱动器）。

OLMC（13）作为输入时，"输入/输出控制"将 G_2 置成高阻，13 端的输入信号实际上是送到 OLMC（12）来实现的，就像 12 端的输入信号实际上是送到 OLMC（13）来实现一样。

OLMC（13）作为时序电路时，时钟来自 1 端的 CLK（经 G_1 驱动），输出使能来自 11 端的 $\overline{OE}$（经 G_3 驱动）。

"反馈/输入"通过内部的数据选择器，可以是 13 端的反馈、来自 12 端的输入或来自于内部的寄存器。

OLMC（13）有 8 个输入，也就是说 OLMC（13）作为输出时，其表达式最多是 8 个乘积项之和。

从图 9-8 可以看出 15、16 端只能作输出，而不能作输入，而 12～14、17～19 端均可编程为输入，所以 GAL16V8 最多可以有 16 个输入，最多有 8 个输出（这时最多有 10 个输入）。

对 GAL16V8 编程时，11 端为编程使能端（15V 的脉冲信号），9 端作为串行数据输入（S_{DI}），12 端作为串行数据输出 S_{DO}（数据送回编程器进行校验），1 端作为串行时钟（也就是移位脉冲）输入 S_{CLK}。

此外，在对 GAL 功能编程的同时，将器件型号、电路名称、编程日期、修改次数的信息一起写入被称为"电子标签"的存储单元，这些资料对编程人员非常重要。它可以通过编程器读出。还可以对 GAL 进行加密，加密后，只能读出"电子标签"的内容。

三、GAL 器件的型号

GAL 的型号如图 9-10 所示，它不像 PAL 器件型号那么复杂。

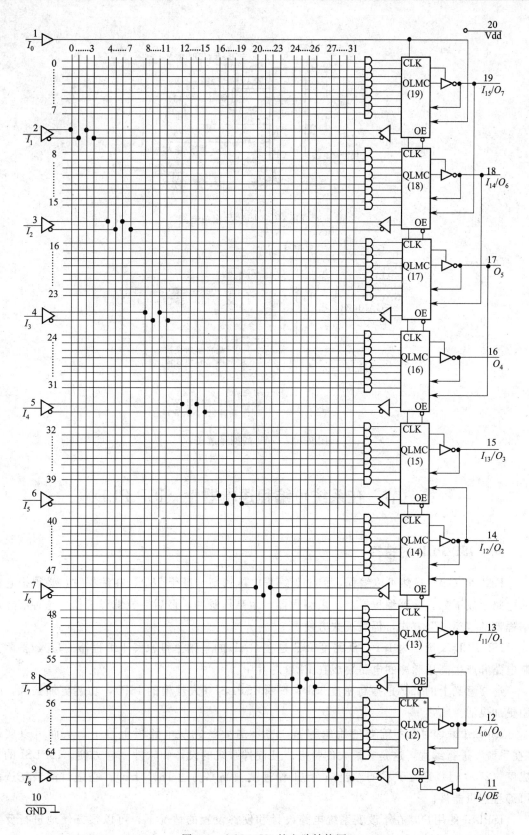

图 9-8 GAL16V8 的电路结构图

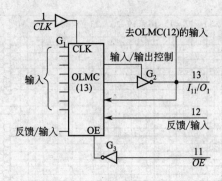

图 9-9 OLMC（13）及相关电路

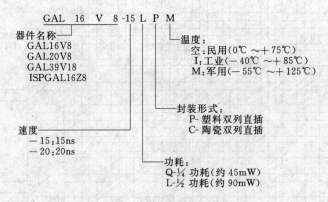

图 9-10 GAL 的型号意义

第三节　在系统可编程逻辑器件（ISP-PLD）

一、ISP-PLD 的特点

PAL 和 GAL 虽然可以编程，但由于编程电压较高（高于 5V），在编程时，必须把它们从电路上拔下来，插到编程器上，由编程器产生高压脉冲，最后完成编程工作。这种必须用编程器的"离线"方式，仍然不太方便。

ISP-PLD 又简称为 ISP，低密度 ISP 是在 GAL 的基础上将原属于编程器的写入/擦除控制电路和产生高压脉冲的电路集成在 PLD 芯片中。

通常意义上的 ISP 是指高密度 ISP，简称 ISPLSI（大规模的 ISP），功能更加强大，使用更加灵活。

ISPLSI 编程时既不需要使用编程器，也不需要将它从电路板上取下，从而可以实现"在系统"进行编程，这是它最大的特点。使硬件系统的设计和软件一样方便。ISPLSI 的集成度（2500 门）远大于 GAL 器件，且工作速度很高（高达 180MHz），它是目前最先进的可编程逻辑器件。

ISPLSI 的用户，在不改变系统电路设计和硬件设置的情况下，可以很方便地进行反复编程，为系统以后升级、改进提供了极大的方便。

二、ISP-PLD 的编程

ISP 的编程是在计算机的控制下进行的。在 ISP 开发系统软件的支持下，计算机根据用户编写的源程序产生相应的编程数据和编程命令，通过编程接口与 ISP 连接如图 9-11 所示。

$\overline{ISPEN}$　ISP 的编程使能端,低电平有效。当 $\overline{ISPEN}=1$ 时,ISP 为正常工作状态 $\overline{ISPEN}=0$ 时, ISP 的所有输入/输出单元均被置成高阻状态，并允许 ISP 进入编程状态。

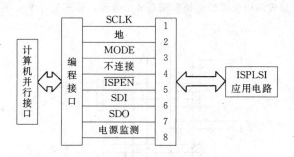

图 9-11　编程接口与 ISP 连接

SCLK　时钟输入。它为 ISP 内部接受输入数据的移位寄存器和控制编程操作的时序电路提供时钟信号。

SDI　串行数据和命令的数据输入端。编程数据和编程命令，以串行的方式从 SDI 端送到 ISP。

SDO　串行数据输出端。在写入数据的同时，又以串行的方式将写入数据从 SDO 读出，并送回到计算机，以便进行校验，再根据校验结果，从 SDI 端发送后面的数据和命令。

MODE　模式控制信号。MODE 和 SDI 共同决定 ISP 内部控制编程操作的时序电路。

计算机和 ISP 之间的连接除了上述 5 条线以外，还需要 1 条形成回路的地线和 1 条对 ISP 所在系统的电源电压监测线，所以实际需要 7 条线连接。

本 章 小 结

PLD 的突出特点是：可以通过编程的方法设置其逻辑功能。

PAL 有双极型熔丝工艺和 EECMOS 两种工艺。前一种不能改写，后一种能改写。它们的输出电路的结构类型由型号决定，在一些定型产品中仍在使用，一般不再用来开发新产品。

GAL，采用 EECMOS 工艺，改写方便。GAL 器件采用了可编程的输出逻辑宏单元 OLMC，通过编程设置成不同的输出方式，可以用同一种型号的 GAL 器件实现 PAL 器件所有的各种输出电路工作模式，从而增强了器件的通用性，它是目前应用最广泛的 PLD。

ISP 采用 EECMOS 工艺制作，它将编程电路集成在 ISP 内部，所以编程时不需要使用编程器，并且可以在系统内完成，不用将器件从电路板上取下，ISP 的应用进一步提高了数字系统的自动化设计水平，同时也为系统的安装、调试、修改提供了更大的方便和灵活性。它是电子技术发展的主流。

各种 PLD 器件的编程工作都需要在开发系统的支持下进行。开发系统的硬件由计算机和编程器组成，软件部分是专用的编程语言（如：ABEL）和相应的编程软件（如：ISP-sy-nario system）。开发系统的种类很多，性能差别也很大，各有一定的适用范围。因此，在选用 PLD 的具体型号时必须同时考虑到你所使用的开发系统能否支持这种型号的 PLD。

习　题

9-1　比较 GAL 和 PAL 器件在电路结构形式上有什么不同？

9-2　试分析由 PAL 编程的组合逻辑电路如图题 9-2 所示，写出 Y_1、Y_2、Y_3 与 A、B、C、D 的逻辑关系表达式。

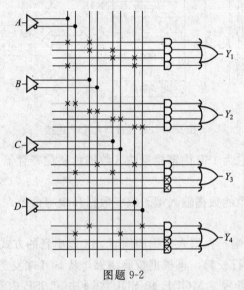

图题 9-2

9-3　试分析由 PAL 编程的时序逻辑电路，电路如图题 9-3 所示，写出电路的驱动方程、状态方程、输出方程、画出电路的状态转换图。

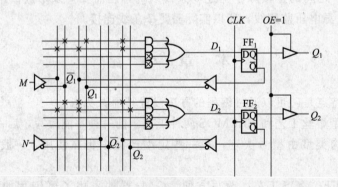

图题 9-3

9-4　可编程逻辑器件有哪些种类？有什么共同特点？

9-5　在下列应用场合，选用哪类 PLD 最为适合？

①小批量定型的产品中的中小规模逻辑电路。

②产品研制过程中需要不断修改的中小规模逻辑电路。

③要求能以遥控方式改变其逻辑功能的逻辑电路。

附录一　常用逻辑门电路新旧符号对照表

名　称	国标符号	曾用符号	名　称	国标符号	曾用符号
与门	&		与或非门	& ≥1	+
或门	≥1	+	异或门	=1	⊕
非门	1		同或门	=	⊙
与非门	&		集电极开路的与门	& ◇	
或非门	≥1	+	三态输出的非门	1 ▽ EN	

附录二　常用 CMOS 数字集成电路

代号	名　称	代号	名　称
4001	2 输入端四或非门	4067	十六选一模拟开关
4002	4 输入端双或非门	4069	六反相器
4011	2 输入端四与非门	4071	2 输入端四或门
4012	4 输入端双与非门	4072	4 输入端双或门
4013	双 D 触发器	4077	四同或门
4017	十进制计数器/脉冲分配器	4081	2 输入端四与门
4020	14 级二进制串行计数器	4082	4 输入端双与门
4026	十进制计数/7 段译码/驱动器	40106	六施密特反相器
4027	双 JK 触发器	40110	可逆十进制计数/锁存/译码/驱动
4030	四异或门	40147	10 线-4 线 BCD 码优先编码器
4033	十进制计数/7 段译码（带消隐）	4511	BCD-7 段译码/锁存/驱动
4040	12 级二进制串行计数器	4512	八选一数据选择器
4051	八选一模拟开关	4513	4511 功能及带动态灭 0 输入/输出
4060	14 级二进制串行计数器/振荡器	4518	双 BCD 码计数器

附录三 常用 TTL 及 74HC 系列的 CMOS 数字集成电路

代号	名　　　称	代号	名　　　称
00	2 输入端四与非门	138	3 线-8 线译码器
01	2 输入端四与非门（OC 门）	139	双 2 线-4 线译码器
02	2 输入端四或非门	147	10 线-4 线优先编码器
04	六反相器	148	8 线-3 线优先编码器
05	六反相器（OC 门）	150	16 选 1 数据选择器
06	六反相驱动器（OC 门，30V）	151	8 选 1 数据选择器
07	六同相驱动器（OC 门，30V）	160	10 进制计数器（异步清零、同步置数）
14	六反相器（有施密特触发器）	161	16 进制计数器（异步清零、同步置数）
42	4 线—10 线译码器	162	10 进制计数器（同步清零、同步置数）
48	BCD-7 段译码	163	16 进制计数器（同步清零、同步置数）
74	双上升沿 D 触发器（带预置、清零）	164	8 位移位寄存器
85	四位数值比较器	244	8 总线驱动器（三态）
86	四异或门	245	双向 8 总线驱动器（三态）
90	2—5—10 进制计数器	373	8D 透明触发器（三态）
112	双主从 JK 触发器（带预置、清零）	377	8D 上升沿触发器

参 考 文 献

[1] 阎石主编. 数字电子技术基础习题解答. 北京：高等教育出版社，2006.

[2] 尹明富主编. 数字电子技术基础习题解答于考试指导. 北京：清华大学出版社，2006.

[3] 周跃庆主编. 数字电子技术基础教程. 天津：天津大学出版社，2006.

[4] 王蕊主编. 数字电子技术基础教程. 北京：国防工业出版社，2007.